Paramasivam Deepak
Rajasekaran Kasthuridevi
Pachiappan Perumal

Actividades antibacterianas e antioxidantes in vitro de algas castanhas

Paramasivam Deepak
Rajasekaran Kasthuridevi
Pachiappan Perumal

Actividades antibacterianas e antioxidantes in vitro de algas castanhas

Perfil de Metabolitos GC-MS, Actividades Antibacterianas e Antioxidantes de Sargassum wightii e Stoechospermum marginatum

Imprint
Any brand names and product names mentioned in this book are subject to trademark, brand or patent protection and are trademarks or registered trademarks of their respective holders. The use of brand names, product names, common names, trade names, product descriptions etc. even without a particular marking in this work is in no way to be construed to mean that such names may be regarded as unrestricted in respect of trademark and brand protection legislation and could thus be used by anyone.

Cover image: www.ingimage.com

This book is a translation from the original published under ISBN 978-620-2-07765-1.

Publisher:
Sciencia Scripts
is a trademark of
Dodo Books Indian Ocean Ltd. and OmniScriptum S.R.L publishing group

120 High Road, East Finchley, London, N2 9ED, United Kingdom
Str. Armeneasca 28/1, office 1, Chisinau MD-2012, Republic of Moldova, Europe
Printed at: see last page
ISBN: 978-620-7-96339-3

CONTEÚDO

CAPÍTULO 1. INTRODUÇÃO

O ambiente marinho é um excelente reservatório de produtos naturais biologicamente activos, e a maioria dos produtos naturais marinhos apresenta caraterísticas estruturais que não foram encontradas em produtos naturais terrestres (Ireland *et al.*, 1988). Os organismos marinhos continuam a ser um recurso largamente inexplorado, especialmente para efeitos de aplicação biotecnológica. Muitos organismos são compostos por moléculas e materiais que apresentam caraterísticas interessantes que constituem uma fonte inspiradora para o desenvolvimento de novos produtos orientados para a medicina (Silva *et al.*, 2012). Os produtos naturais marinhos, como os metabolitos secundários ou não primários produzidos por organismos vivos, têm sido explorados pelas pessoas para uma variedade de fins, incluindo alimentos, fragrâncias, pigmentos, insecticidas e medicamentos (Ravikumar *et al.*, 2002). Foram registados cerca de 2500 novos metabolitos a partir de uma variedade de organismos marinhos (Arul Senthil *et al.*, 2008). Os organismos marinhos são uma fonte importante de metabolitos secundários altamente bioactivos que podem representar pistas úteis para o desenvolvimento de novos agentes farmacêuticos. O meio marinho abriga 34 filos vivos dos 36 existentes e mais de 300 000 espécies conhecidas de fauna e flora. Sabe-se que o ambiente marinho contém mais de 80% das espécies vegetais e animais do mundo. Nos últimos anos, foram extraídos muitos compostos bioactivos de várias plantas, animais e micróbios marinhos. As biofontes marinhas têm vindo a receber muita atenção, principalmente devido ao seu conteúdo em ingredientes funcionais como os ácidos polinsaturados, o caroteno e os seus pigmentos carotenóides, os polissacáridos sulfatados e os esteróis.

SEMENTES DO MAR

As algas podem ser classificadas em dois grupos principais: o primeiro é o das microalgas, que inclui as algas verdes azuis, os dinoflagelados, os bacillariophyta (diatomáceas), etc., e o segundo é o das macroalgas (algas marinhas), que inclui as algas verdes, castanhas e vermelhas. As macroalgas têm sido reconhecidas pela sua diversidade e novidade química e farmacológica. Durante as últimas quatro décadas, foram isolados numerosos compostos novos a partir de organismos marinhos e foi demonstrado que muitas destas substâncias possuem actividades biológicas interessantes (Faulkner, 2002). As algas marinhas são um grupo de plantas marinhas que se encontram agarradas ao fundo em águas costeiras relativamente pouco profundas. Não são tão complexas como as plantas com flores, pois não têm raízes, flores, sementes e folhas verdadeiras. No entanto, dentro destas limitações estruturais, as algas marinhas apresentam diversidade em termos de forma, tamanho, cor e complexidade estrutural. São plantas tolerantes à água salgada e dependentes da terra, crescendo quase exclusivamente na estreita interface entre a terra e o mar. Uma grande variedade de algas vermelhas e verdes encontra-se em águas subtropicais e tropicais, enquanto as algas castanhas são mais comuns em águas temperadas mais frias. As plantas marinhas são plantas marinhas simples que crescem em águas pouco profundas nos limites dos oceanos (Blunden, 1993). Encontram-se mais de 1 50 000 espécies de algas marinhas nos ambientes marinhos do globo, embora apenas algumas delas tenham sido identificadas (Harvey, 1988). Os metabolitos secundários ou primários destes organismos podem ser potenciais compostos bioactivos de interesse para a indústria farmacológica (Attaway, 1993). Foi dada especial atenção às actividades antivirais, antibacterianas e antifúngicas das algas marinhas contra vários agentes patogénicos (Siddhanta *et al.*, 1997).

Recentemente, os metabolitos das macroalgas estão a atrair uma enorme atenção, uma vez que os tópicos têm sido relatados por vários investigadores (Shimizu, 1996). Existem cerca de 900 espécies de algas marinhas do grupo verde, 4000 espécies vermelhas e 1500 espécies castanhas na natureza. As algas marinhas são principalmente utilizadas como fonte de alimentação humana. As algas marinhas são utilizadas como alimento na dieta asiática há séculos, pois contêm carotenóides, fibras alimentares, proteínas, ácidos gordos essenciais, vitaminas e minerais. Atualmente, são colhidas e extraídas cerca de um milhão de toneladas métricas de algas húmidas para produzir três hidrocolóides como o ágar, a carragenina e o alginato (Nussinovitch *et al.*, 1997). As algas marinhas são de interesse nutricional, uma vez que contêm alimentos pouco calóricos, mas ricos em vitaminas, minerais e fibras alimentares. As algas marinhas são também boas fontes de proteínas, polissacáridos e fibras (Vallinayagam *et al.* 2009). Vários estudos mostraram que os extractos de algas marinhas têm diferentes actividades biológicas, incluindo atividade antitumoral, antimicrobiana, antiprotozoária, antiviral, antioxidante, anti-inflamatória, efeito redutor dos lípidos no sangue e atividade citotóxica contra as linhas celulares de cancro humano (Taskin *et al.*, 2010; Lavanya e Veerappan, 2011).

Tipos de algas marinhas

Os três principais grupos de algas marinhas são reconhecidos com base nos seus pigmentos que absorvem a luz de comprimentos de onda específicos e lhes conferem as suas cores caraterísticas de verde, castanho e vermelho (Collins, 2001).

As algas verdes (**Chlorophyta**) são verdadeiramente verdes, sem pigmentos que mascarem a clorofila. As algas verdes são muito diversas e variam desde células microscópicas que nadam livremente até grandes plantas membranosas, tubulares e arbustivas (Davies, 2002).

As algas castanhas (**Phaeophyta**) são multicelulares e podem ser encontradas numa variedade de formas físicas diferentes, incluindo crostas e filamentos. Como todos os organismos fotossintéticos, as algas castanhas contêm o pigmento verde clorofila. Também contêm outros pigmentos dourados e castanhos, que mascaram a cor verde da clorofila. O pigmento dominante encontrado nas algas castanhas chama-se fucoxantina (Bartle, 2005).

As algas vermelhas (**Rhodophyta**), para além da clorofila, contêm os pigmentos ficocianina e ficoeritrina que dão a coloração vermelha. As algas vermelhas são encontradas numa variedade de formas físicas, incluindo filamentos simples e ramificados (Harbo, 1999).

Biodiversidade das algas marinhas na costa indiana

A Índia tem uma longa linha costeira (7.516 km) e uma Zona Económica Exclusiva (ZEE) considerável (2,5 milhões de km2), que corresponde a cerca de dois terços da área terrestre principal (Jha *et al.*, 2009). A flora de algas marinhas da Índia é altamente diversificada e inclui maioritariamente espécies tropicais. De acordo com Untawale *et al.* (1983), a linha costeira indiana tem 844 espécies de algas marinhas pertencentes a 215 géneros e 64 famílias. O Golfo de Mannar ocupa o primeiro lugar em termos de diversidade e densidade (302 espécies), seguido do Golfo de Kutch (202 espécies). A biodiversidade das algas marinhas no Golfo de Mannar deve-se à grande extensão de recifes de coral, que fornecem um substrato adequado para o seu crescimento (Kannan *et al*, 2006).

Utilizações das algas marinhas

As algas marinhas são utilizadas em muitos países como fonte de alimentos, aplicações industriais e fertilizantes. A maior utilização destas macroalgas como alimento é feita na Ásia, particularmente no Japão, na Coreia e na China, onde o cultivo de algas marinhas se tornou uma indústria importante. Na maior parte dos países ocidentais, o consumo alimentar e animal de algas marinhas foi restringido e não se registaram grandes pressões para desenvolver técnicas de cultivo de algas marinhas. As algas marinhas são potencialmente utilizadas para fins industriais, em grande parte limitadas à extração de ficocolóides e, em muito menor grau, de certos produtos bioquímicos finos. Atualmente, as algas marinhas são utilizadas na alimentação humana, em cosméticos, em fertilizantes e na extração de gomas e produtos químicos industriais. Têm potencial para serem utilizadas como fonte de produtos químicos de cadeia longa e curta com utilizações medicinais e industriais. As algas marinhas podem também ser utilizadas como colectores de energia e podem ser extraídas substâncias potencialmente úteis por fermentação e pirólise (Guiry, 2000). Contêm diferentes vitaminas, minerais, oligoelementos, proteínas, iodo e substâncias bioactivas. Os fitoquímicos das algas marinhas têm sido utilizados como agentes gelificantes, estabilizadores e espessantes nas indústrias alimentar, farmacêutica, de confeitaria, de lacticínios, têxtil, de papel, de tintas e vernizes, etc. Outros produtos químicos, como o manitol, o iodo, a laminarina e a fucoidina, também estão a ser obtidos a partir de algas marinhas (Muthuraman *et al.,* 2004).

Compostos biologicamente activos

As algas marinhas contêm grandes quantidades de polissacáridos, nomeadamente polissacáridos estruturais da parede celular que são caracterizados pela indústria dos hidrocolóides: alginato de algas castanhas e ágar de algas vermelhas. Encontram-se outros polissacáridos menores na parede celular: fucoidanos (das algas castanhas), xilanos (de certas algas vermelhas e verdes) e ulvanos nas algas verdes. Contêm igualmente polissacáridos de armazenamento, nomeadamente laminarina (-1,3-

glucano) nas algas castanhas e amido florideano (glucano semelhante à amilopectina) nas algas vermelhas. Quando confrontados com as bactérias intestinais humanas, a maior parte destes polissacáridos não são digeridos pelos seres humanos e, por conseguinte, podem ser considerados como fibras alimentares (Lahaye, 1991). Os extractos de algas marinhas actuam como bioestimulantes principalmente devido à presença de hormonas vegetais (Matysiak *et al.*, 2009). As principais fitohormonas identificadas nos extractos de algas marinhas são: auxinas, citocininas, giberelinas, ácido abscísico e etileno (Grzebisz *et al.*, 2008). As algas marinhas são amplamente utilizadas na agricultura devido à sua boa atividade bioestimulante. Algumas das espécies de algas marinhas são mais utilizadas no domínio da agricultura, como as algas vermelhas: *Corralina mediterranea, Jania rubens, Pterocladia pinnata, algas verdes: Cladophora dalmatica, Enter omorpha intestinalis, Ulva lactuca e algas castanhas: Ascophyllum nodosum, Ecklonia maxima, Saragassum* spp (Matysiak *et al.*, 2010).

Atividade antibacteriana de algas marinhas:

Agentes patogénicos

Um "agente patogénico" é um agente microbiano específico que provoca uma resposta inflamatória/doença no hospedeiro que alberga o organismo. O agente patogénico evita as respostas do hospedeiro e, por fim, causa a doença através de diferentes vias bioquímicas e biossintéticas, utilizando determinados factores denominados antigénios. Os antigénios são os compostos primários que evocam a resposta do hospedeiro sob a forma de inflamação. O corpo humano/hospedeiro tem uma variedade de respostas imunitárias para contrariar estes organismos antigénicos. As doenças bacterianas são a maior ameaça para a população humana. As bactérias patogénicas para o homem têm potencial para causar as seguintes doenças: infecções cutâneas, pneumonia, tétano, febre tifoide, difteria, sífilis, meningite e lepra. A prevenção de surtos ou o tratamento das doenças com medicamentos ou produtos químicos resolve estes problemas. Atualmente, a utilização de antibióticos aumenta significativamente devido a infecções bacterianas graves. O uso indiscriminado de antibióticos resultou na acumulação de estirpes bacterianas patogénicas mais resistentes e também em alguns efeitos secundários para o ser humano. Assim, a solução final é o desenvolvimento de medicamentos antibacterianos a partir de fontes naturais contra os agentes patogénicos humanos.

A descoberta dos antibióticos foi considerada um avanço que salvou a vida dos seres humanos contra os agentes patogénicos. No entanto, nas últimas décadas, vários agentes patogénicos desenvolveram resistência aos antibióticos, em especial o Staphylococcus aureus resistente à meticilina (MRSA) e os enterococos resistentes à vancomicina (VRE). Além disso, o aparecimento da New Delhi Metallo P-lactamase (NDM-1), resistente a todos os antibióticos recentes de uso comum, suscita sérias preocupações quanto ao seu controlo. Estas bactérias resistentes aos medicamentos são agentes patogénicos emergentes cujos perfis de resistência constituem um grande desafio para a sua propagação e impacto na saúde humana.

As bactérias que crescem nas superfícies das algas marinhas vivem num ambiente altamente competitivo. Foi documentado que essas bactérias que vivem nas superfícies de organismos marinhos incluem uma percentagem de bactérias produtoras de antibióticos mais elevada do que a observada em bactérias de vida livre isoladas de ambientes marinhos (Zheng *et al.*, 2005). As actividades antimicrobianas exibidas pelas algas marinhas devem-se à sua capacidade de sintetizar metabolitos secundários bioactivos (Gonzalezdel Val *et al.*, 2001).

Existem numerosos relatórios sobre compostos derivados de macroalgas com uma vasta gama de actividades biológicas, como a atividade antibacteriana (Oranday *et al.*, 2004). As actividades antimicrobianas das macroalgas foram atribuídas à presença de compostos biologicamente activos com potencial antibacteriano, tais como Cycloeudesmol, Lyengaroside A, meroditerpenoid, neoirietetraol, diterpeno-benzoato, indóis polibromados, álcool sesquiterepénico halogenado, éter enol de Lanosol, ácidos diterpenobenzóicos, ácidos calofícos, diterpeno-fenóis halogenados, calofícolos e eicosanóides (El Gamal, 2010). Foram realizadas várias investigações utilizando os extractos de algas marinhas, tendo sido relatado que os seus extractos apresentavam atividade antibacteriana. As algas, para além de serem um alimento saudável devido ao seu baixo teor calórico e ao seu elevado teor de fibras e minerais, podem ser uma potencial fonte natural de ingredientes alimentares funcionais (Rajasekar *et al*, 2013).

Atividade antioxidante

Os antioxidantes são o mecanismo de defesa natural existente no nosso organismo, capaz de eliminar os radicais livres (Oberley *et al*, 1984). Os antioxidantes que ocorrem naturalmente dividem-se em duas classes:

i) Antioxidantes preventivos, que reduzem a taxa de iniciação da cadeia.

ii) Antioxidantes de quebra de cadeia, que interferem na propagação da cadeia.

Os antioxidantes preventivos incluem a catalase e outros peróxidos que reagem com o ROOH e quelantes de iões metálicos, como o EDTA e o DTPA (etileno diamina tetra acetato e dietileno triamina penta acetato).

O mecanismo de defesa antioxidante pode ser classificado em dois grupos:

1. Defesa por enzimas - antioxidantes enzimáticos.

2. Defesa por micronutrientes - antioxidantes não enzimáticos, por exemplo, glutatião reduzido e vitamina E.

Afirma-se que os radicais livres desempenham um papel importante na saúde humana, causando muitas doenças (por exemplo, doenças cardíacas, cancro, hipertensão, diabetes e aterosclerose). Na última década, os antioxidantes mostraram a sua relevância na prevenção de várias doenças, nas quais os radicais livres estão implicados (Lee *et al.*, 2007). A literatura sugere os potenciais efeitos protectores das algas marinhas contra o stress oxidativo nos tecidos alvo e a oxidação lipídica nos alimentos (Yuan *et al*, 2005). Alguns compostos antioxidantes activos de algas marinhas foram identificados como a filofeofilina em *Eisenia bicyclis,* os florotaninos em *Sargassum kjellamanianum* (Yan *et al.,* 1996) e a fucoxantina em *Hijikia fusiformis* (Yan *et al.,* 1998). Os polissacáridos sulfatados de *Sargassum* actuam como um potente eliminador de radicais livres e agente anticancerígeno (Dias *et al.,* 2006). A presença de substâncias antioxidantes nas algas marinhas é considerada um mecanismo de defesa endógeno como proteção contra o stress oxidativo devido a condições ambientais de nível extremo (Aguilera *et al.,* 2002). A atividade antioxidante dos extractos de algas vermelhas está correlacionada com o seu teor de polifenóis (Duan *et al.*, 2006). A fucoxantina, isolada da alga castanha, apresentou várias actividades de eliminação de radicais (Sachindra *et al.*, 2007). Foram preparados extractos de água e etanol a partir da amostra seca de alga castanha *(Sargassum boveanum)* e analisados quanto aos seus compostos fenólicos e atividade antioxidante (Zahra *et al.*, 2007). Foram testados *in vitro* os efeitos antioxidantes dos extractos de hexano e metanol de *Sargassum baccularia* e *Cladophora patentiramea* (Sheik *et al.*, 2009).

O presente estudo trata da caraterização antibacteriana, antioxidante e química de extractos brutos metanólicos de algas marinhas, *Sargassum wightii* e *Stoechospermum marginatum*.

CAPÍTULO 2. REVISÃO DA LITERATURA

Atividade antibacteriana de extractos de algas marinhas

Lima-filho *et al,* (2002) demonstraram a atividade antibacteriana de extractos de hexano, clorofórmio e etanol de seis macroalgas marinhas (Rhodophyta e Chlorophyta) contra bactérias Gram-positivas e Gram-negativas. A atividade antibacteriana máxima foi demonstrada pelos extractos de hexano de *Amansia multifida* contra estirpes entéricas Gram-negativas, tais como *Enterobacter aerogenes, K. pneumoniae, P. aeruginosa, Salmonella typhi, S. choleraesuis, S. marcescens, V. cholerae* e as bactérias Gram-positivas *Bacillus subtilis* e *Staphylococcus aureus.*

Choudhury *et al.,* (2005) estudaram as actividades antibacterianas de extractos de três algas marinhas *viz; Gracilaria corticata, U. fasciata* e *Enteromorpha compressa* e cinco mangais *viz; Aegiceras corniculatum, Aegialitis rotundifolia, Aglaia cucullata, Cynometra iripa* e *Xylocarpus granatum* mostraram atividade específica na inibição do crescimento de seis estirpes virulentas de agentes patogénicos de peixes viz, *Edwardsiella tarda, Vibrio alginolyticus, Pseudomonas fluorescens, Pseudomonas aeruginosa* e *Aeromonas hydrophila* (2 estirpes). Três extractos de metanol de *C. iripa* foram activos contra todos os seis agentes patogénicos, enquanto *A. corniculatum* e *A. cucullata* foram activos contra quatro dos agentes patogénicos.

Taskin *et al,* (2007) estudaram as actividades antibacterianas *in vitro* de extractos metanólicos de seis algas marinhas (Rhodophyceae *(Corallina officinalis),* Phaeophyceae *(Cystoseira barbata, Dictyota dichotoma, Halopteris filicina, Cladostephus spongiosus* f. verticillatus) e Chlorophyceae *(Ulva rigida)* contra micróbios patogénicos, 3 gram positivos *(Staphylococcus aureus, Micrococcus luteus* e *Enterococcus faecalis~)* e 3 gram negativos *(Escherichia coli, Enterobacter aerogenes* e *E. coli).* Os extractos de *C. officinalis* apresentaram uma atividade máxima contra *S. aureus.* A atividade mais elevada do extrato de *C. officinalis* contra *E. aerogenes.* O extrato de *C. barbata* mostrou uma atividade máxima contra todos os organismos testados.

Kandhasamy *et al,* (2008) estudaram as actividades antibacterianas de algas marinhas pertencentes a

Chlorophyceae *(Caulerpa racemosa* e *U. lactuca* Rhodophyceae *(G. folifera* e *Hypneme muciformis)* e Phaeophyceae (*S. myricocystum, S. tenerrimum* e *Padma tetrastomatica)* que foram testadas contra bactérias patogénicas Gram negativas e Gram positivas. Os membros das Chlorophyceae mostraram uma atividade antibacteriana elevada do que os outros membros das algas testadas.

Karthikaidevi *et al.,* (2009) relataram a atividade antibacteriana das algas marinhas *Codium adherens, Ulva reticulate* e *Halimeda tuna* com diferentes extractos de solventes (acetona, metanol, clorofórmio, éter dietílico, acetato de etilo, etanol e éter de petróleo). O extrato de etanol mostrou a atividade máxima do que os outros extractos de solvente. A atividade antibacteriana máxima foi observada nos extractos de etanol que mostraram atividade contra *Staphylococcus* sp. (13 mm) e a mínima foi registada nos extractos de metanol contra *Escherichia coli, Staphylococcus* sp. e *proteus* sp. (2 mm), *Streptococcus* sp. (2 mm), *Enterococci* sp. (3 mm).

Ibtissam *et al.,* (2009) avaliaram as actividades antibacterianas de extractos metanólicos de 32 macroalgas (13 Chlorophyta e 19 Phaeophyta) contra *E.coli* ATCC 25922, *Staphylococcus aureus* ATCC 25923, *Enterococcus faecalis* ATCC 29212, *Klebsiella pnomeuniae* ATCC 700603 e *E. faecalis* ATCC 29213. Os extractos de duas algas marinhas, *Cladostephus spongiosus f. verticillatus* e Chlorophyceae *(Ulva rigida)* mostraram uma atividade máxima de todos os agentes patogénicos bacterianos.

Vallinayagam *et al.,* (2009) estudaram as actividades antibacterianas de quatro importantes algas marinhas, *Ulva lactuca, Padina gymnospora, Sargassum wightii* e *Gracilaria edulis,* que foram analisadas contra agentes patogénicos bacterianos humanos *Staphylococcus aureus, Vibrio cholerae, Shigella dysentriae, Shigella bodii, Salmonella paratyphi, Pseudomonas aeruginosa* e *Klebsiella pneumonia.* Entre as algas marinhas, o extrato de *G. edulis* mostrou uma atividade máxima de (8,8 mm) contra *S. aureus* e mínima (1,2 mm) por *U. lactuca* contra *P. aeruginosa.*

Villarreal-Gômez *et al,* (2010) relataram que a atividade antibacteriana de extractos de algas marinhas, *Egregia menziesii, Codium fragile, Sargassum muticum, Endarachne binghamiae, Centroceras clavulatum* e *Laurencia pacifica* contra *Staphylococcus aureus, Klebsiella pneumoniae,*

Proteus mirabilis, e *Pseudomonas aeruginosa.* Todos os extractos de algas marinhas inibiram o crescimento da bactéria Gram-negativa *Proteus mirabilis.*

Choi *et al,* (2012) demonstraram actividades antibacterianas de cinquenta e sete espécies de algas marinhas comuns contra os micróbios *Prevotella intermedia* e *Porphyromonas gingivalis.* Os extractos metanólicos de *Enteromorpha linza, Sargassum sagamianum* e *Ulva pertusa* apresentaram fortes efeitos inibitórios tanto contra *P. intermedia* como contra *P. gingivalis.*

Elnabris *et al,* (2012) demonstraram a atividade antibacteriana de extractos metanólicos de algas *Ulva lactuca, Enteromorpha compressa* (Chlorophyta), *Padina pavonica* (Phaeophyta) e *Jania rubens* (Rhodophyta) contra 4 bactérias Gram negativas (*Escherichia coli,* Pseudomonas *aeruginosa,* Proteus vulgar e Klebsiella pneumoniae) e 2 Gram positivas (*Staphylococcus aureus e Bacillus subtilis*), *Pseudomonas aeruginosa, Proteus vulgaris* e *Klebsiella pneumoniae*) 2 e bactérias Gram positivas *(Staphylococcus aureus* e *Bacillus subtilis)* O extrato metanólico bruto de *U. lactuca* inibiu o crescimento de todos os organismos testados, exceto *E. coli.* O extrato de *E. compressa* revelou uma atividade eficaz contra duas bactérias. Os extractos metanólicos de algas castanhas e vermelhas não mostraram qualquer efeito significativo nas bactérias testadas.

Kayalvizhi *et al,* (2012) estudaram as actividades antibacterianas de quatro algas marinhas (*S. wightii, S. marginatum, G. foliifera, P. boergesenii*) extraídas em quatro solventes (acetona, metanol, clorofórmio e éter dietílico) e testaram a sua atividade antimicrobiana contra 12 agentes patogénicos bacterianos *(K. pneumoniae, E. coli, S. aureus, P. aeruginosa, Enterococci* sp, *Streptococcus* sp, *Proteus* sp, *Salmonella* sp, *shewanella* sp, *Vibrio parahaemolyticus, V. splendidus, V. flurialis).* As algas castanhas extraídas em acetona exibiram uma atividade antimicrobiana significativa. E os extractos de acetona das algas castanhas foram altamente eficazes contra as bactérias.

Radhika *et al,* (2012) estudaram a atividade antibacteriana de cinco tipos diferentes de algas marinhas *(Sargassum wightii, Padina tetrastomatica, Caulerpa racemosa, Agardhiella subulata* e *Stoechospermum marginatum*) contra quatro agentes patogénicos, nomeadamente *Escherichia coli, Klebsiella pneumonia, Salmonella typhi* e *Vibrio cholerae.* A atividade máxima (9,2 mm) foi registada em *Agardhiella subulata* e *Stocheospermum marginatum* contra *Klebsiella pneumonia* e *Caulerpa racemosa* contra *Vibrio cholerae,* enquanto *Sargassum wightii* não mostrou atividade contra *E.coli* e *Klebsiella pneumonia.*

Seenivasan *et al,* (2012) demonstraram actividades antibacterianas de três espécies de algas marinhas *Codiumadhaerens Anderson* (algas verdes) *S. wightii* Greville (algas castanhas), *Acanthophora spicifera* (Vahl.) Boergs (algas vermelhas) contra bactérias patogénicas humanas como *Staphylococcus aureus*, *Vibrio cholerae*, *Shigella dysentriae*, *Shigella bodii*, *Salmonella paratyphi*, *Pseudomonas aeuroginosa* e *Klebsiella pneumoniae*. A maior atividade antibacteriana (13 mm) foi registada no extrato de metanol da alga vermelha, *Acanthophora spicifera*, contra *Vibrio cholerae*.

Marudhupandi *et al.,* (2013) demonstraram actividades antibacterianas da alga *Sargassum wightii* contra os agentes patogénicos bacterianos humanos. A atividade antibacteriana máxima foi obtida para *Vibrio cholera* e a atividade mínima foi obtida para *Salmonella typhi*.

Saritha *et al,* (2013) avaliaram as actividades antibacterianas de extractos de algas marinhas contra 11 agentes patogénicos humanos e 5 agentes patogénicos de peixes. O extrato de acetona de *Ulva lactuca* apresentou uma atividade máxima contra agentes patogénicos humanos e de peixes. A *U. lactuca* tinha um elevado teor de proteínas (20,8%), seguido de 13,27% de hidratos de carbono e 4,4% de teor de lípidos.

Selim *et al.,* (2015) estudaram as actividades antibacterianas de extractos de algas marinhas de 2 espécies de algas *(Hypnea esperi* e *Caulerpa prolifera)* contra bactérias patogénicas *Escherichia coli, Pseudomonas aeruginosa, Salmonella typhimurium, Aeromonas hydrophila, Bacillus subtilis* e *Staphylococcus aureus.* As bactérias Gram-positivas testadas mostraram uma atividade máxima e as bactérias Gram-negativas mostraram uma atividade baixa contra os extractos de algas. Os extractos metanólicos mostraram uma atividade máxima de todos os agentes patogénicos das bactérias Gram-negativas e Gram-positivas.

Atividade antioxidante de extractos de algas marinhas

Heo *et al.*, (2004) estudaram as potenciais actividades anti-oxidantes de extractos enzimáticos de sete espécies de algas castanhas utilizando quatro ensaios diferentes (ensaios de eliminação de espécies reactivas de oxigénio (ROS) contendo radical livre DPPH (1,1-difenil-2-pricrilhidrazil), anião superóxido, radical hidroxilo e ensaio de eliminação de peróxido de hidrogénio). Os extractos enzimáticos apresentaram efeitos mais proeminentes na atividade de eliminação do peróxido de hidrogénio (aproximadamente 90%) em comparação com as outras actividades de eliminação e a atividade dos extractos enzimáticos foi ainda mais elevada do que a dos antioxidantes comerciais. Em particular, os extractos Ultraflo e Alcalase de *Sargassum horneri* foram dependentes da dose e termicamente estáveis. Além disso, os dois extractos enzimáticos inibiram fortemente os danos no ADN (aproximadamente 50%). Estes extractos mostraram efeitos de eliminação significativamente (p < 0,05) notáveis no ensaio de eliminação do radical livre DPPH e a atividade indicou uma correlação marcada com o conteúdo fenólico. Os seus resultados mostraram que os extractos enzimáticos das algas castanhas podem ser fontes anti-oxidantes valiosas.

Demirel *et al.*, (2011) relataram que as actividades antioxidantes de *Laurencia obtusa* e *Laurencia obtusa* var. *pyramidata* da costa de Cesme (Turquia) foram analisadas utilizando métodos *in vitro*. Os óleos essenciais de *L. obtusa* e *L. obtusa* var. pyramidata mostraram actividades antimicrobianas contra bactérias (duas estirpes patogénicas específicas (*Staphylococcus aureus* ATCC 43300 resistente à meticilina-oxacilina, Escherichia coli hemorrágica (O157: H7) RSSK 232)) e uma estirpe de levedura *(Candida albicans* ATCC 10239). Os extractos de hexano e clorofórmio de *L. obtusa* e os extractos de metanol e clorofórmio de *L. obtusa var. pyramidata* foram geralmente considerados como antioxidantes moderados quando comparados com hidroxitolueno butilado (BHT), hidroxianisol butilado (BHA) e a-tocoferol (vitamina E). Os extractos clorofórmicos de ambas as algas vermelhas têm um teor fenólico elevado em comparação com os outros extractos e óleos essenciais.

Ismail *et al.*, (2012) demonstraram a atividade antioxidante (actividades antioxidantes totais e de eliminação de radicais livres) de 4 tipos de algas marinhas, Nori *(Porphyra* sp.), Kumbu *(Laminaria* sp.), Wakame *(Undaria* sp.) e Hijiki *(Hijikia* sp.). Realizaram dois extractos, o branqueamento de P-caroteno e os ensaios de 1,1-difenil-2-picrilhidrazil (DPPH) utilizados para determinar as propriedades antioxidantes das algas marinhas, medindo a diminuição da absorvância a 470 e 517 nm. No extrato aquoso, o Kumbu apresentou a maior atividade antioxidante total de 63% em comparação com o Nori *(Porphyra* sp.), o Wakame *(Undaria* sp.) e o Hijiki *(Hijikia* sp.). O Kumbu, o Nori e o Hijiki apresentaram uma maior atividade de eliminação de radicais do que o Wakame quando extraído com água. O Wakame apresentou as actividades antioxidantes e de eliminação de radicais livres mais elevadas no extrato etanólico com 58% e EC_{50} = 0,42 mg/ml, respetivamente.

Shao *et al.,* (2013) relataram as actividades antioxidantes dos quatro polissacáridos sulfatados de peso molecular diferente extraídos da alga marinha, *Ulva fasciata* (UFP1, UFP2, UFP3 e UFP4). Entre os quatro polissacáridos extraídos, o UFP2 e o UFP3 apresentaram um teor mais baixo de sulfato e têm propriedades antioxidantes mais elevadas do que o UFP1 e o UFP4, que têm um teor mais elevado de sulfato.

Durga Devi *et al,* (2014) avaliaram as actividades antioxidantes e antifúngicas da alga verde *Chaetomorpha linum* com base na atividade de eliminação de radicais livres do radical 1,1-difenil-2-picrilhidrazil (DPPH), na propriedade antioxidante redutora ferrosa (FRAP) e no teor fenólico total no extrato metanólico. As propriedades antifúngicas do extrato metanólico de *C. linum* foram testadas contra estirpes de fungos patogénicos como *Fusarium dimerum* e *Trichoderma ressei*. A atividade de eliminação de DPPH foi equivalente a um valor IC_{50} de 8,8 pg/mL de ácido ascórbico. O conteúdo fenólico total foi de 668,2 mg/g de equivalente de ácido gálico, e o valor IC_{50} pelo ensaio FRAP foi de 8,6 pg/mL. Numa análise mais aprofundada, quando comparado com antibióticos padrão, o extrato de *C. linum* apresenta um sinal de atividade considerável contra *F. dimerum* e *T. ressei*.

Lim *et al.,* (2014) demonstraram a propriedade antioxidante do fucoidan isolado das algas castanhas *(5. binderi* e *Padma* sp.) e das algas vermelhas *(Gracilaria* sp., *Eucheuma cottonii* e *Eucheuma spinosum)*. As algas castanhas *S. binderi* (6.16±0.08%) e *Padma* sp. (2.06±0.23%), mostraram a presença de fucoidan em quantidades significativamente mais elevadas (p <0.05) quando comparadas com as algas vermelhas. A atividade de eliminação do radical DPPH de *S. binderi* foi significativamente maior (p < 0,05). Ao mesmo tempo, tanto *a S. binderi* como o ácido ascórbico apresentaram uma capacidade antioxidante significativa (p < 0,05) em termos de actividades de eliminação do anião superóxido e do radical hidroxilo em comparação com as dos antioxidantes sintéticos.

Ling *et al.,* (2014) estudaram as actividades antioxidantes de *Kappaphycus alvarezii* (um tipo de alga vermelha comestível). Verificou-se que *a K. alvarezii* tinha o maior teor de fenólicos totais e flavonóides totais com os valores de 49,04±6,05mg GAE/100g de amostra seca e 15,54±1,68mg CE/100g de amostra seca; respetivamente. Também apresentou a maior atividade de eliminação de radicais livres (ensaios DPPH e ABTS) e de redução férrica em comparação com outras algas marinhas.

Do que precede, é evidente que são necessários mais estudos sobre as algas marinhas, nomeadamente sobre as suas propriedades antibacterianas e antioxidantes, para descobrir os compostos biologicamente activos.

CAPÍTULO 3. ÂMBITO DO PRESENTE ESTUDO

A infeção microbiana causada por agentes patogénicos constitui um desafio global para a saúde humana e de outros vertebrados. Os agentes antimicrobianos, como os produtos fitoquímicos e os antibióticos, estão a ser utilizados para o tratamento de infecções microbianas. As algas marinhas são consideradas uma fonte potencial de novos antioxidantes. Além disso, os antioxidantes naturais são mais aceitáveis do que os antioxidantes sintéticos, uma vez que estes antioxidantes não contêm contaminantes químicos e, por conseguinte, apresentam uma variedade de funções benéficas. (Lesser, 2006).

Tendo em conta o que precede, foi realizado o presente estudo, com os seguintes objectivos

> Recolher as algas *Sargassum wightii* e *Stoechospermum marginatum* em Mandapam, Tamil Nadu, na costa sudeste da Índia.

> Análise *in vitro* das actividades antibacteriana e antioxidante de extractos de algas marinhas, *S. wightii* e *S. marginatum*, em agentes patogénicos bacterianos e da atividade de limpeza DPPH, FRAP & H_2O_2.

> Caracterizar os extractos de algas marinhas para conhecer os seus constituintes fitoquímicos e identificar os compostos bioactivos do extrato metanólico utilizando HPLC e FTIR.

> Descobrir os componentes químicos eficazes presentes nos extractos de algas marinhas utilizando a análise GC-MS.

A tese é composta por 7 capítulos. No capítulo - 1 é apresentada uma introdução. O capítulo - 2 faz um levantamento exaustivo da literatura e o âmbito do estudo é apresentado no capítulo - 3. Os materiais e métodos são descritos no capítulo - 4 e os resultados são apresentados no capítulo - 5. No capítulo - 6, é apresentada uma discussão crítica e o resumo é fornecido no capítulo - 7 e, finalmente, é fornecida a lista de referências.

CAPÍTULO 4. MATERIAIS E MÉTODOS

Recolha de amostras

As amostras de algas marinhas foram colhidas à mão nas rochas marinhas submersas de Mandapam, distrito de Ramanathapuram, Tamil Nadu, costa sudeste da Índia (9° 22' N, 78° 52 ' E). Foram recolhidas duas espécies de algas marinhas, *Sargassum wightii* e *Stoechospermum marginatum*. As algas foram recolhidas durante a maré baixa na região intertidal e subtidal, onde a vegetação era descontínua e ocorria em manchas. As amostras de algas recolhidas foram levadas para o laboratório e lavadas cuidadosamente com água corrente da torneira e, em seguida, com água destilada para remover os detritos do solo marinho, as conchas aderentes, os moluscos aderentes e a biota associada. Os materiais de algas lavados foram secos à sombra durante 3 semanas. Em seguida, os materiais secos foram embalados hermeticamente e mantidos no laboratório para trabalhos de investigação posteriores. O material de algas em pó foi extraído pelo método de percolação a frio (utilizando o solvente polar: metanol).

Identificação de algas marinhas

As caraterísticas morfológicas e anatómicas das algas marinhas recolhidas foram observadas e identificadas através de análises comparativas microscópicas e macroscópicas. As caraterísticas típicas tidas em conta incluem a estrutura interna, a cor, o tamanho e a forma e a comparação com as fotografias e os dados existentes (Dinabandhu, 2010). A identificação foi confirmada pelo Dr. N. Kaliaperumal, Cientista Principal (Reformado), Instituto Central de Investigação das Pescas Marinhas, Campo de Mandapam, Distrito de Ramanathapuram (Índia). Os espécimes foram conservados no Marine Biotechnology and Ecological Genomics Laboratory, Department of Biotechnology, Periyar University, Salem.

Classificação científica de *S. wightii* e *S. marginatum*
***Sargassum wightii* (Greville ex J. Agardh, 1848)**

Império	: Eukaryota
Reino Unido	: Cromista
Filo	: Ochrophyta
Classe	: Phaeophyceae
Subclasse	: Fucophycidae
Encomendar	: Fucales
Família	: Sargassaceae
Género	: *Sargassum*
Espécies	: *wightii*

Figure 1. *Sargassum wightii*

Stoechospermum marginatum (C.Agardh) Kützing, 1843

Império	: Eukaryota
Reino Unido	: Cromista
Filo	: Ochrophyta
Classe	: Phaeophyceae
Subclasse	: Dictyotophycidae
Encomendar	: Dictiotales
Família	: Dictyotaceae
Género	: *Stoechospermum*
Espécies	: *marginatum*

Figure 2. *Stoechospermum marginatum*

Preparação do extrato de algas marinhas

Material seco e em pó de algas marinhas de *S. wightii* (SWM) e *S. marginatum* (SMM) (100 g) foi embebido em 300 mL de metanol a 100 % e fechado hermeticamente e mantido sem perturbações durante 10 dias. Em seguida, o solvente foi filtrado dos resíduos de algas marinhas através de papel de filtro Whatman n.º 1 e o filtrado foi concentrado pelo método de percolação a frio. Em seguida, o extrato concentrado de algas marinhas foi armazenado a 4°C para posterior caraterização e aplicações.

Análises qualitativas dos constituintes fitoquímicos (Harborne, 1973)

Teste para saponinas

Para a saponina, o extrato (50 mg) foi diluído com água destilada e completado até 20 ml. A suspensão foi agitada numa proveta graduada durante 15 minutos. A formação de uma camada de espuma de 2 cm indica a presença de saponina.

Teste para compostos fenólicos

Para os compostos fenólicos, o extrato (50 mg) foi dissolvido em 5 ml de água destilada. Adicionaram-se algumas gotas de solução neutra de cloreto férrico a 5%. O desenvolvimento de uma cor verde escura indicaria a presença de compostos fenólicos.

Pesquisa de hidratos de carbono

Para os hidratos de carbono, o extrato (100 mg) foi dissolvido em 5 ml de água destilada e filtrado. Ferveu-se 1 ml do filtrado em banho-maria com 1 ml de solução de Fehling A e 1 ml de solução de Fehling B. Um precipitado vermelho indicaria a presença de açúcar.

Solução de Fehling A: o sulfato de cobre (34,66 g) foi dissolvido em água destilada e completado até 500 ml com água destilada.

Solução de Fehling B: O tartarato de sódio e potássio (173 g) e o hidróxido de sódio (50 g) foram dissolvidos em água e completados até 500 ml.

Pesquisa de taninos

Para os taninos, cerca de 0,5 mg de extrato foi fervido em 20 ml de água destilada num tubo de ensaio e depois filtrado. O cloreto férrico (0,1%) foi adicionado à amostra filtrada e o aparecimento de cor verde indicaria a presença de taninos.

Pesquisa de alcalóides

Para os alcalóides (reagente de Mayer): Dissolver o cloreto de mercúrio (1,358 g) em 60 ml de água e dissolver o iodeto de potássio (5,0 g) em 10 ml de água. As duas soluções foram misturadas e completadas até 100 ml com água). 50 mg de extrato foram agitados com alguns ml de HCl diluído e filtrados. A alguns ml de filtrado, adicionaram-se duas gotas de reagentes de Mayer nas paredes do tubo de ensaio. O aparecimento de um precipitado de cor branca indica que o teste é positivo.

Teste para esteróides

Para os esteróides, o extrato foi dissolvido em 10 ml de clorofórmio e um volume igual de Conc. H2SO4 foi adicionado nas paredes do tubo de ensaio. A mudança da camada superior para vermelho e da camada de ácido sulfúrico para amarelo com fluorescência verde indicaria a presença de esteróides.

Pesquisa de flavonóides

Para os flavonóides, foram adicionadas algumas gotas de solução de amoníaco a 1% aos extractos num tubo de ensaio. A formação de cor amarela indica a presença de compostos flavonóides. **Teste para glicosídeos**

Para o glicosídeo, misturou-se uma pequena quantidade de extrato com ácido acético glacial. Adicionaram-se algumas gotas de cloreto férrico e misturou-se bem. De seguida, adicionou-se con.H2SO4 nas paredes do tubo de ensaio. O aparecimento de uma camada castanha avermelhada e de uma camada verde azulada indica a presença do glicósido.

Teste de óleos fixos (teste pontual)

Para os óleos fixos (teste pontual), pressionou-se uma pequena quantidade de extrato entre dois papéis de filtro. A mancha de óleo no papel indicaria a presença de óleos fixos.

ACTIVIDADE ANTIBACTERIANA DE ALGAS MARINHAS

Testar microrganismos

Os extractos de algas marinhas foram testados contra dois agentes patogénicos: *Escherichia coli* e *Staphylococcus aureus*. As naturezas resistentes destes isolados foram confirmadas utilizando antibióticos selectivos. Todas as estirpes bacterianas foram mantidas em ágar Muller Hinton a 4°C.

Caraterísticas da cultura bacteriana

Escherichia coli

A *E. coli* é uma bactéria gram-negativa, facultativamente anaeróbia, em forma de bastonete, do género

Escherichia, que se encontra habitualmente no intestino inferior de organismos de sangue quente (endotérmicos). A maioria das estirpes de *E. coli* são inofensivas, mas alguns serotipos podem causar intoxicações alimentares graves nos seus hospedeiros e são ocasionalmente responsáveis pelo desperdício de alimentos devido à sua contaminação. As estirpes inofensivas fazem parte da flora normal do intestino e podem beneficiar os seus hospedeiros, produzindo vitamina K2 e prevenindo a colonização do intestino com bactérias patogénicas (Vogt & Dippold, 2005).

Staphylococcus aureus

O S. aureus é uma bactéria cócica gram-positiva que faz parte dos Firmicutes e é frequentemente encontrada no nariz, no trato respiratório e na pele. Foi frequentemente positiva para a catalase e a redução de nitratos. É uma causa comum de infecções cutâneas, tais como abcessos, infecções respiratórias, tais como sinusite e intoxicação alimentar. As estirpes patogénicas promovem frequentemente infecções através da produção de toxinas proteicas potentes e da expressão de proteínas da superfície celular que se ligam e inactivam os anticorpos. O aparecimento de estirpes de *S. aureus* resistentes aos antibióticos, como o MRSA, foi um problema mundial na medicina clínica. *O S. aureus* pode causar uma série de doenças, desde infecções cutâneas menores, como borbulhas, impetigo, furúnculos, celulite, foliculite, carbúnculos, síndrome da pele escaldada e abcessos, até doenças potencialmente fatais, como pneumonia, meningite, osteomielite, endocardite, síndrome do choque tóxico, bacteriemia e sépsis (Cole *et al.,* 2001).

Ensaio antibacteriano

Método de difusão em poço de ágar

As actividades antibacterianas do extrato de algas marinhas foram realizadas através do método de difusão em ágar como descrito por Annie e Lipton (2012). Foram inoculados 15 ml de placas de ágar Muller Hinton com 0,1 ml de cultura nocturna das estirpes indicadoras. Foram feitos poços de 7 mm de diâmetro no ágar e preenchidos com diferentes concentrações. As placas foram incubadas a 37°C durante 24 h. Em seguida, foram examinadas quanto à presença de bactérias e os diâmetros das zonas de inibição foram medidos.

Avaliação da atividade antioxidante *in vitro*

Atividade de eliminação do radical livre DPPH

O efeito da preparação dos extractos no radical DPPH foi testado utilizando o método de Mensor *et al.* (2001). Uma solução metanólica de 0,5 ml de DPPH (0,4 mM) foi adicionada a diferentes concentrações de padrão e extractos (20-100 µg/ml) e deixada a reagir à temperatura ambiente durante 30 minutos. O metanol serviu de branco e o DPPH em metanol sem a amostra serviu de controlo positivo. Após 30 minutos, a absorvância foi medida a 518 nm e convertida em percentagem de atividade de eliminação de radicais como se segue.

$$\% \, \text{Inhibition} = \frac{A_0 - A_1}{A_0} \times 100$$

Em que A_0 é a absorvância do controlo (branco, sem extrato) e A_1 é a absorvância na presença dos extractos.

Ensaio antioxidante de eliminação de FRAP

Seguiu-se o procedimento FRAP (Ferric reducing antioxidant power assay) descrito por Benzie e Strain (Benzie e Strain, 1996). O princípio deste método baseia-se na redução de um complexo férrico-tripiridiltriazina à sua forma colorida ferrosa na presença de antioxidantes. Resumidamente, o reagente FRAP continha 5 ml de uma solução (10 mmol/L) de TPTZ (2, 4 ,6- tripiridil-s- triazina) em HCL 40 mmol/L, mais 5 ml de $FeCl_3$ (20 mmol/L) e 50 ml de tampão acetato (0,3 mol/L, pH 3,6), tendo sido preparado de fresco e aquecido a 37°C . Alíquotas de diferentes concentrações de padrão e extractos (20-100 µg/ml) foram misturadas com 3 ml de reagente FRAP e a absorvância da mistura de reação a 593 nm foi medida espectrofotometricamente após incubação a 37°C durante 10 minutos. Para a construção da curva de calibração, foram utilizadas cinco concentrações de $FeSO_4$ $7H_2O$ (1000, 750, 500, 250, 125 µmol/L) e as absorvências foram medidas como solução de amostra. Os valores foram expressos como a concentração de antioxidantes com uma capacidade de redução férrica equivalente à de 1 mmol/L FeSO4. A atividade antioxidante foi medida cinco vezes para cada amostra.

$$\% \text{ Inhibition} = \frac{A_0 - A_1}{A_0} \times 100$$

Em que, A_0 é a absorvância do controlo (branco, sem extrato) e A_1 é a absorvância na presença das amostras.

Atividade de eliminação de peróxido de hidrogénio

As actividades de eliminação de peróxido de hidrogénio dos extractos foram determinadas pelo método de Ruch *et al.* (1989). Diferentes concentrações de padrão e extractos (20-100 µg/ml) foram dissolvidas em 3,4 ml de tampão fosfato 0,1 M (pH 7,4) e misturadas com 600 µl de solução de peróxido de hidrogénio 40 mM. O valor da absorvância (a 230 nm) da mistura de reação foi registado em intervalos de 10 minutos entre zero e 40 minutos para cada concentração, tendo sido utilizada uma amostra em branco separada para subtração de fundo.

$$\% \text{ Inhibition} = \frac{A_0 - A_1}{A_0} \times 100$$

Em que A_0 é a absorvância do controlo (branco, sem extrato) e A_1 é a absorvância na presença dos extractos.

Caracterização dos extractos brutos de metanol

Cromatografia líquida de alta eficiência (HPLC)

A cromatografia líquida de alta eficiência é uma técnica cromatográfica que pode separar uma mistura de compostos e é utilizada para identificar, quantificar e purificar o componente individual da mistura. A HPLC utiliza normalmente diferentes tipos de fases estacionárias, uma bomba que move a(s) fase(s) móvel(is) e a substância a analisar através da coluna, e um detetor que fornece um tempo de retenção caraterístico para a substância a analisar. O detetor pode também fornecer outras informações caraterísticas.

A análise por HPLC dos extractos de *S. marginatum* e *S. wightii* foi realizada utilizando a metodologia de Anjum *et al.* (2012). Cerca de 1 mg de amostra concentrada foi dissolvido em 1 ml de metanol de grau HPLC e 20 µl foram injectados para determinar os fitoconstituintes.

Preparação da fase móvel

Extractos polares

A partir do extrato de metanol: água (50:50), exatamente 1mg/ml da amostra foi completamente dissolvido em 1 ml de metanol para a preparação de uma solução de 1mg/ml.

Procedimento

A experiência foi efectuada em Shimadzu LC solution 20 AD, Japão e SPD 20 A, um instrumento equipado com um detetor de UV Shimadzu LC solution No: 20 AD, a fim de determinar a pureza do pico. A coluna LCGC C18 foi utilizada para a resolução isocrática utilizando a fase móvel a um caudal de 1,0 ml/min. Utilizando o detetor Shimadzu LC solution No. 20 AD, a placa revelada foi seca com um secador de placas e, em seguida, submetida a análise UV. Todas as pistas nas placas foram analisadas com um comprimento de onda individual definido pelo utilizador (254 nm) e foram obtidos os valores R_T dos picos.

Espectrofotómetro de infravermelhos com transformador de Fourier (FT-IR)

A espetroscopia de infravermelhos com transformada de Fourier é uma técnica que é utilizada para obter um espetro de infravermelhos de absorção, emissão, fotocondutividade ou dispersão Raman de um sólido, líquido ou gás (Griffiths et al., 2007).

O espetrofotómetro FT-IR modelo ART (Attenuated Total Reflectance) (Bruker, Estados Unidos) foi utilizado para a análise do extrato bruto em metanol de *S. marginatum e S. wightii*. Cinco miligramas da amostra (extrato bruto) foram misturados com 100 mg de KBr (grau FT-IR) e depois comprimidos, de modo a preparar discos de sal translúcidos (3 mm de diâmetro). O disco foi imediatamente mantido no suporte de amostras e os espectros FT-IR foram registados na gama de absorção entre 4000 e 400 cm^{-1} com resolução ambiente de 4 cm^{-1} com varrimentos utilizando o espetrómetro Thermo Nicolet FT-IR Nexus acoplado ao detetor TGS (sulfato de tri-glicina) pela técnica de pastilhas de KBr. O espetro foi registado utilizando a técnica de medição de praia de Reflectância Total Atenuada (ART).

O interferómetro e a câmara do detetor foram purgados com azoto seco para remover a interferência espetral devida ao dióxido de carbono atmosférico e ao vapor de água. O espetro de fundo do ar foi registado antes de cada amostra e todas as experiências foram efectuadas em seis triplicados (seis pastilhas de KBr com três varrimentos cada).

Cromatografia Gasosa-Espectrómetro de Massa (GC-MS)

A cromatografia gasosa e a espetrometria de massa constituem uma combinação eficaz para a análise química. A análise por GC separa todos os componentes de uma amostra e fornece uma saída espetral representativa. A tecnologia GC-MS parece ser o requisito para a derivação química antes da análise quantitativa; no entanto, este requisito para a modificação química dos compostos que não são voláteis per se pode - a longo prazo - ser transformado nas vantagens de explorar o enriquecimento químico seletivo e o fracionamento para a caraterização de compostos vestigiais na presença de metabolitos em massa (Muller *et al,* 2000).

O principal objetivo da preparação de amostras para análise cromatográfica é a dissolução selectiva das análises num solvente adequado e a consequente remoção dos compostos interferentes da solução. A mistura de compostos na fase móvel interage com a fase estacionária. Cada composto da mistura interage a uma velocidade diferente. Aqueles que interagem mais rapidamente sairão (eluirão) primeiro da coluna. Podem ser efectuados mais refinamentos a este processo de separação alterando a temperatura da fase estacionária ou a pressão da fase móvel. A análise por cromatografia gasosa foi efectuada por GC-CLARUS 500 PERKIN ELMER utilizando a coluna elite 5MS. A análise qualitativa e quantitativa dos extractos de metanol das amostras de algas marinhas foi efectuada utilizando um sistema de Cromatografia Gasosa-Espectrómetro de Massa CP 3800 Saturn 2200 (GC-MS). O programa de temperatura foi de 80°C a 350°C a uma taxa de 3°C/min e mantido a 50 e 55 minutos. A temperatura do ião foi de 200°C e a gama de varrimento foi de 20-500 AMU (Unidade de Massa Atómica). A identificação dos componentes foi baseada na comparação dos seus espectros de massa com os das bibliotecas Wiley e NIST.

CAPÍTULO 5. RESULTADO

Análises fitoquímicas de *Sargassum wightii* e *Stoechospermum marginatum*

Os resultados das análises fitoquímicas preliminares dos extractos metanólicos de *S. marginatum* e *S. wightii* são apresentados nos **Quadros 1 e 2.** Os resultados do extrato de *S. marginatum* mostram que os hidratos de carbono e os glicosídeos, alcalóides, aminoácidos, flavonóides, óleo fixo e gordura, compostos fenólicos, taninos e esteróides estavam presentes e que as saponinas e os flavonóides estavam ausentes. E os resultados dos extractos de *S. wightii* mostraram que os hidratos de carbono e os glicosídeos, as saponinas, os flavonóides, o óleo fixo e a gordura, os compostos fenólicos, os taninos e os esteróides estavam presentes.

Tabela 1. Análises fitoquímicas de *Stoechospermum marginatum* (extrato de metanol).

Phytochemicals	Methanol
Carbohydrates & glycosides	+
Proteins & amino acids	+
Saponins	-
Fixed oil & fat	+
Tannin	+
Flavanoids	-
Alkaloids	+
Steriods	+
Phenol compounds	+

"+" indica presença e "-" indica ausência

Tabela 2. Análises fitoquímicas de *Sargassum wightii* (extractos de metanol)

Phytochemicals	Methanol
Carbohydrates & glycosides	+
Proteins & amino acids	+
Saponins	+
Fixed oil & fat	+
Tannin	+
Flavanoids	+
Alkaloids	+
Steriods	+
Phenol compounds	+

"+" indica presença e "-" indica ausência

Atividade antibacteriana de extractos brutos de algas marinhas

Método de difusão em poço de ágar

Os resultados da atividade antimicrobiana dos extractos de algas marinhas de *Stoechospermum marginatum* e *Sargassum wightii* são apresentados nos **Quadros 3**. O extrato de metanol de *S. wightii* mostrou uma atividade máxima de *S. aureus* e não mostrou a bactéria patogénica *E. coli*. E o extrato de metanol de *S. marginatum* expressou a atividade máxima de *S. aureus* e a atividade mínima de *E. coli*. As actividades antibacterianas foram observadas após 24 horas de incubação. As zonas de inibição das placas de controlo positivo foram medidas e apresentadas nas **Figuras 3 a & b**.

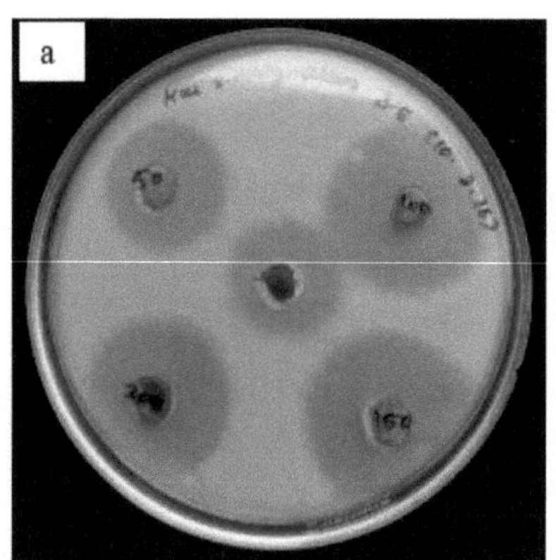
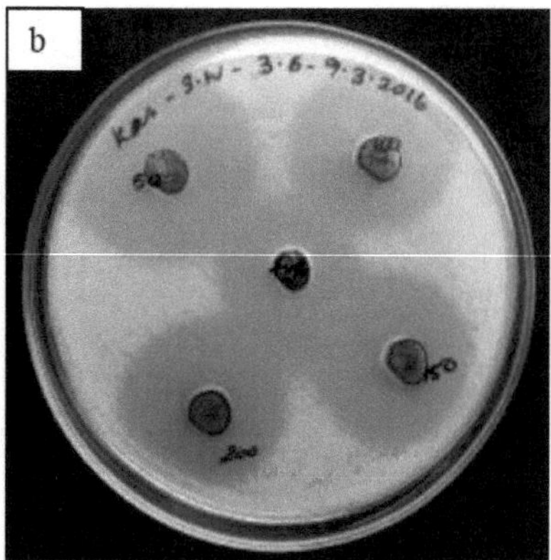

Figuras 3. a&b Atividade antibacteriana de extractos brutos de algas marinhas: a. *Stoechospermum marginatum* de extrato metanólico b. *Sargassum wightii* de extrato metanólico

Bacterial culture/ Conc.	*Staphylococcus aureus*				
	50	100	150	200	Chloramphenical
S. marginatum	2.4	2.9	3.1	3.3	1.8
S. wightii	2.5	2.8	3.2	3.4	2.3

Tabela 3. Atividade antibacteriana dos extractos de metanol de algas marinhas

Atividade antioxidante *in vitro* de extractos brutos de algas marinhas

Capacidade de eliminação do radical DPPH

A capacidade de eliminação do radical DPPH pelos extractos de metanol das macroalgas

Stoechospermum marginatum e *Sargassum wightii* foi avaliada em diferentes concentrações (20-100 µg/ml) dos extractos e os resultados são ilustrados na **Figura 4**. O extrato metanólico de *S. marginatum* (87,86% ± 0,56) exibiu uma forte atividade DPPH, seguido pelo extrato metanólico de *S. wightii* (84,71% ± 0,17%). O ácido ascórbico do controlo positivo apresentou uma gama muito elevada de atividade de eliminação de DPPH quando comparado com o extrato bruto (94,38% ± 1,21%). Os valores IC_{50} da propriedade de eliminação de DPPH do *S. marginatum, S. wightii* e ácido ascórbico foram 64,51, 60,81 e 72,81 µg/mL, respetivamente.

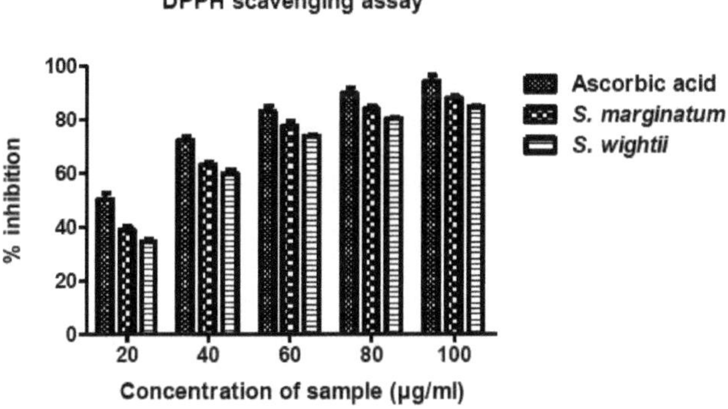

Figura 4. Efeito de eliminação do radical DPPH dos extractos de metanol de algas marinhas.

Ensaio de eliminação do radical FRAP

A capacidade redutora de iões férricos dos extractos metanólicos das macroalgas *Stoechospermum marginatum* e *Sargassum wightii* foi avaliada em diferentes concentrações (20-100 µg/ml) e a percentagem da propriedade de eliminação de cada extrato e do controlo foi ilustrada na **Figura 5**. O extrato metanólico de *S. marginatum* (85,95% ± 1,02) apresentou uma forte atividade FRAP, seguido do extrato metanólico de *S. wightii* (81,03% ± 0,15). Verificou-se que o controlo positivo, o ácido ascórbico, apresenta uma gama muito elevada de atividade de eliminação de FRAP em comparação com o extrato bruto (94,79% ± 0,74).

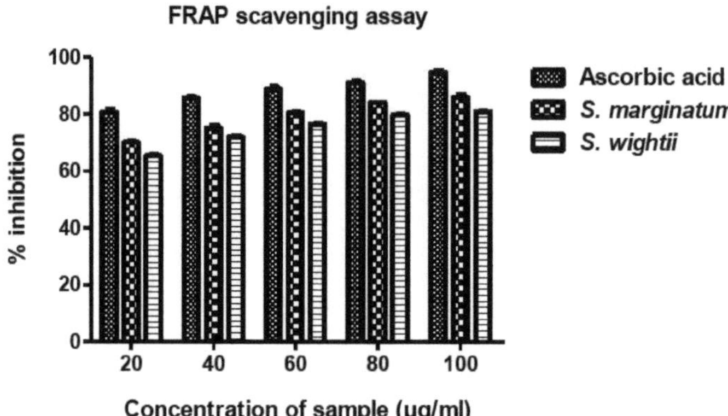

Figura 5. Efeito de eliminação do radical FRAP dos extractos de metanol de algas marinhas.

H₂O₂ ensaio de eliminação de radicais

A atividade antioxidante dos extractos metanólicos das macroalgas *Stoechospermum marginatum* e *Sargassum wightii* sobre o peróxido de hidrogénio é apresentada na **Figura 6** e comparada com os padrões. Os extractos de *S. marginatum* e *S. wightii* foram capazes de eliminar o peróxido de hidrogénio de uma forma dependente da quantidade. 100µg/mL de extractos de metanol de *S. marginatum* exibiram 95,7 ± 0,59% de atividade de eliminação do peróxido de hidrogénio, seguidos pelo extrato de metanol de *S. wightii* 90,11 ± 0,29%. Por outro lado, utilizando as mesmas quantidades, o ácido ascórbico apresentou 98,93 ± 0,47% de atividade de eliminação do peróxido de hidrogénio.

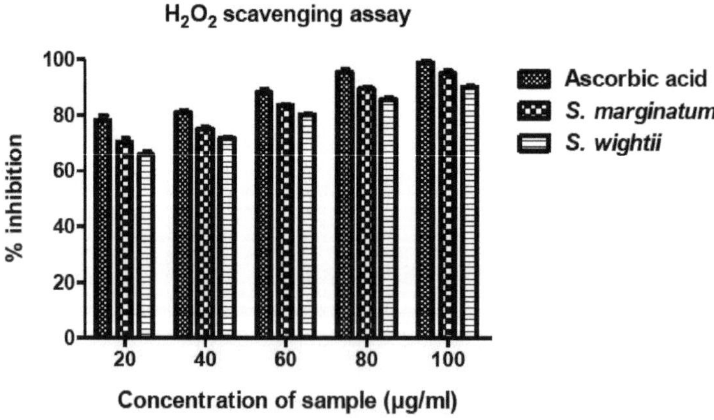

Análise de pureza por HPLC

Os extractos foram inicialmente testados quanto à sua pureza através da análise por HPLC de fase inversa. A coluna C_{18} foi utilizada como fase estacionária e a proporção metanol: água (50:50) foi utilizada como fase móvel (Shimadzu LC2010A, Japão). Foi pesado 1 mg de extrato e dissolvido em 1 ml de DMSO e posteriormente diluído em metanol para obter a concentração de 1 mg/ml de stock. Inicialmente, 20 µl de amostras foram injectados na coluna HPLC C_{18} e os extractos foram detectados por um detetor de UV. A percentagem de pureza foi calculada após a subtração dos picos de contaminação no cromatograma.

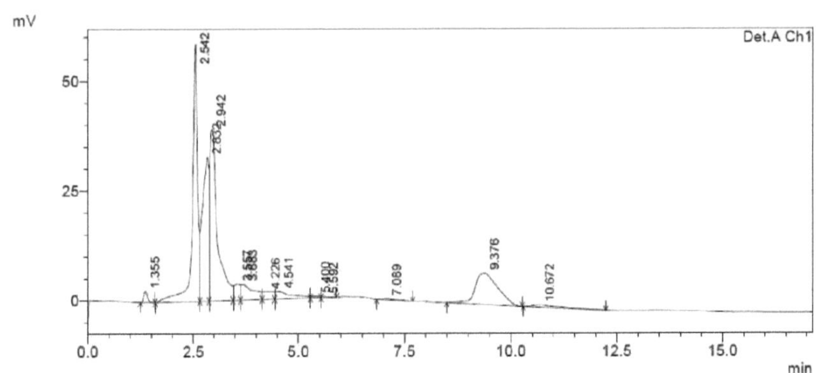

Detector A Ch1 254nm

Peak#	Ret. Time	Area	Height	Area %	Height %
1	1.355	15144	2561	0.801	1.678
2	2.542	498278	58671	26.362	38.439
3	2.832	352616	32800	18.656	21.489
4	2.942	527338	39134	27.899	25.639
5	3.557	38093	3771	2.015	2.471
6	3.683	75971	3647	4.019	2.390
7	4.226	30553	1749	1.616	1.146
8	4.541	46081	1684	2.438	1.103
9	5.400	5392	373	0.285	0.244
10	5.592	3024	270	0.160	0.177
11	7.089	6612	287	0.350	0.188
12	9.376	267650	7145	14.160	4.681
13	10.672	23385	542	1.237	0.355
Total		1890136	152634	100.000	100.000

Figura 7. Análise por HPLC dos extractos de metanol de *Stoechospermum marginatum*.

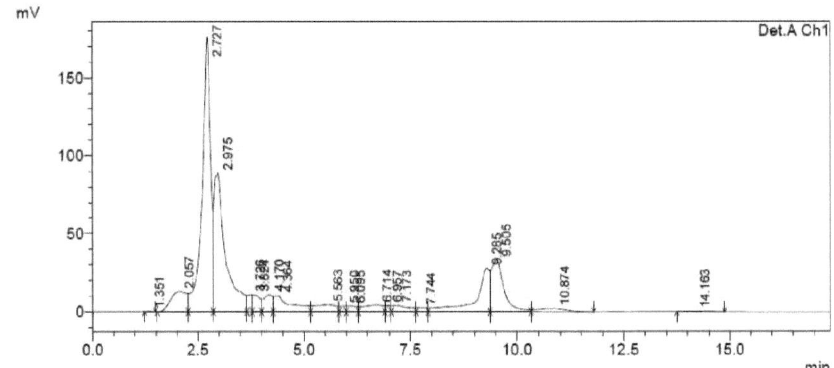

Detector A Ch1 254nm

Peak#	Ret. Time	Area	Height	Area %	Height %
1	1.351	1217	190	0.017	0.046
2	2.057	342661	13051	4.802	3.165
3	2.727	2421201	176275	33.929	42.751
4	2.975	1684161	89043	23.601	21.595
5	3.726	86289	10988	1.209	2.665
6	3.824	127471	10872	1.786	2.637
7	4.170	157249	11078	2.204	2.687
8	4.364	302233	10280	4.235	2.493
9	5.563	166234	4536	2.330	1.100
10	5.950	36004	3659	0.505	0.887
11	6.095	63111	3779	0.884	0.917
12	6.714	143563	4293	2.012	1.041
13	6.957	34565	3879	0.484	0.941
14	7.173	115207	4087	1.614	0.991
15	7.744	44021	2658	0.617	0.645
16	9.285	633164	27857	8.873	6.756
17	9.505	672596	33559	9.425	8.139
18	10.874	100681	2112	1.411	0.512
19	14.163	4414	130	0.062	0.031
Total		7136042	412327	100.000	100.000

Figura 8. Análise por HPLC dos extractos de metanol de *Sargassum wightii*.
Análise FT-IR de *Stoechospermum marginatum* e *Sargassum wightii*.

O FT-IR foi utilizado para identificar o grupo funcional dos componentes activos com base no valor do pico da radiação infravermelha. Quando o extrato de metanol de *Stoechospermum marginatum* e *Sargassum wightii* foi passado para o FTIR, os grupos funcionais dos componentes foram separados com base na razão dos picos. Os resultados dos estudos espectroscópicos FTIR revelaram a presença de vários compostos químicos em *S. marginatum* e *S. wightii* (**Figuras 9 e 10**). O valor do pico e o seu grupo funcional são apresentados nos **Quadros 4 e 5.**

O espetro FTIR do extrato de metanol de *S. marginatum* (**Figura 9**) mostrou bandas a 2929,79, 2351,71, 1638,15, 1418,82, 1112,03 e 666,02 cm^{-1}. A banda a 2929,79 cm^{-1} pode ser atribuída à vibração de estiramento -CH$_2$ - dos grupos alcanos. A banda a 2351,71 cm^{-1} corresponde à vibração de estiramento P-H da fosfina de grupos diversos. As bandas a 1638,15 cm^{-1} correspondem à vibração de estiramento C=O de amidas. As bandas a 1418,82 e 1112,03 cm^{-1} correspondem à vibração de flexão S=O do éster de sulfato e P-H de grupos diversos, respetivamente. A banda a 666,02 cm-1 corresponde à vibração de estiramento de aminas N-H de grupos de aminas. O espetro FTIR de *S. wightii* (**Figura 10**) mostrou a presença de bandas a 2929,08, 2862,09, 2329,93, 1728,60, 1456,61, 1376,06, 1254,05, 1181,20, 1051,72 e 898,60 cm^{-1}. As bandas a 2929,08 e 2862,09 cm^{-1} podem ser atribuídas à vibração de estiramento CH dos grupos alcanos. Do mesmo modo, a banda a 2329,93 cm^{-1} indica a vibração de estiramento de fosfina de grupos diversos. A banda a 1728,60 cm^{-1} também representa a vibração de estiramento C=O do aldeído. As bandas a 1456,61 e 1376,06 cm^{-1} correspondem às vibrações de estiramento CH$_2$ e CH$_3$ dos grupos alcanos. A banda a 1254,05 cm-1 também representa a vibração de estiramento C-H wag (-CH2X) dos halogenetos de alquilo. As bandas a 1181,20 e 1051,72 cm^{-1} foram assinaladas à vibração de estiramento C-N das aminas. A banda a 898,60 cm^{-1} era de grupos diversos de ésteres S-OR. Além disso, os picos de FTIR registados indicaram a presença de álcoois, alcinos, aromáticos, ácidos carboxílicos e halogenetos de alquilo.

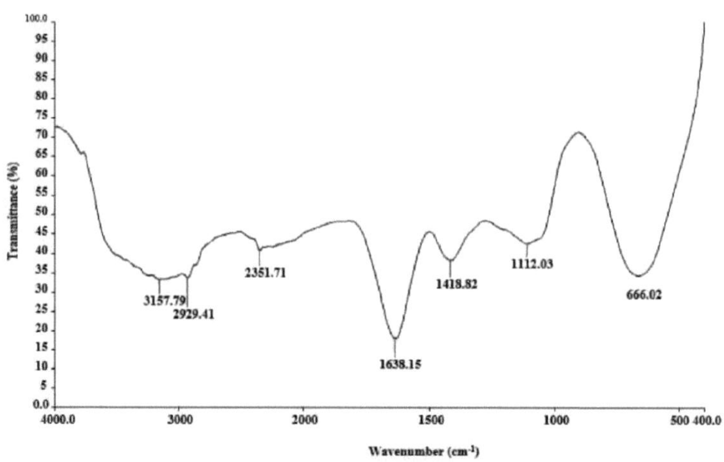

Figura 9. Análise FTIR do extrato bruto em metanol de *Stoechospermum marginatum*.

Frequency	Bond	Functional Group
2929.79	-CH2-	Alkanes
2351.71	P-H phosphine sharp	Miscellaneous
1638.15	C=O stretch	Amides
1418.82	S=O sulphate ester	Miscellaneous
1112.03	P-H bending	Miscellaneous
666.02	N-H wag amines	Amines

Quadro 4. Análise FTIR do extrato bruto em metanol de *Stoechospermum marginatum*

34

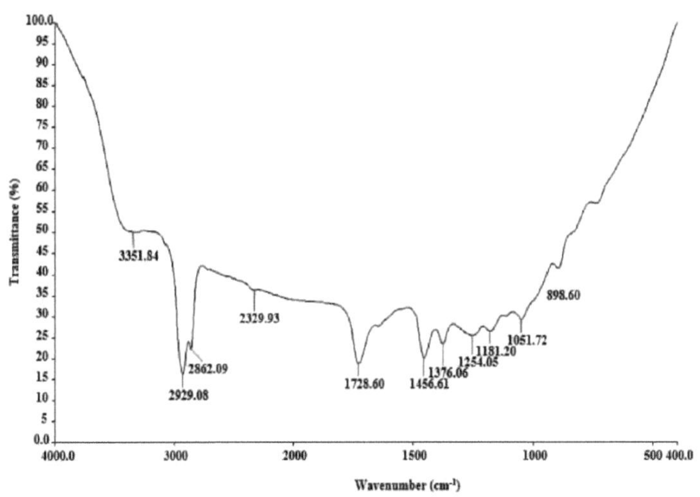

Figura 10. Análise FTIR do extrato bruto em metanol de *Sargassum wightii.*

Frequency	Bond	Functional Group
2929.08	CH stretch	Alkanes
2862.09	CH stretch	Alkanes
2329.93	Phosphine sharp	Miscellaneous
1728.60	C=O stretch	Aldehyde
1456.61	CH_2 and CH_3	Alkanes
1376.06	CH_2 and CH_3	Alkanes
1254.05	C-H wag (-CH2X)	Alkyl halides
1181.20	C-N stretch	Amines
1051.72	C-N stretch	Amines
898.60	S-OR esters	Miscellaneous

Tabela 5. Análise FTIR do extrato bruto em metanol de *Sargassum wightii*

Cromatografia gasosa e espetrómetro de massa (GC-MS)

O extrato metanólico de algas marinhas, *Stoechospermum marginatum*, indicou a presença de 16 compostos. O composto químico identificado no extrato metanólico de algas marinhas é apresentado na Tabela 4. A análise GC-MS revelou a presença de compostos principais *viz;* 1-Heptatriacotanol (3,88%) com RT de 17,43, ácido 9-Octadecenóico (Z)-, éster metílico (7,79 %) com RT de 12,95, Fitol (1,09 %) com RT de 13,16, Retinal (20,60 %) com RT de 2,21 e ácido Hexadecanóico, éster metílico (9,12%) com RT de 13,35.

Os restantes compostos são componentes menores, o nome dos compostos, os tempos de retenção e as suas percentagens estão listados na (**Tabela-6**). A estrutura de cada um dos compostos principais foi desenhada utilizando o software versão 8.0.

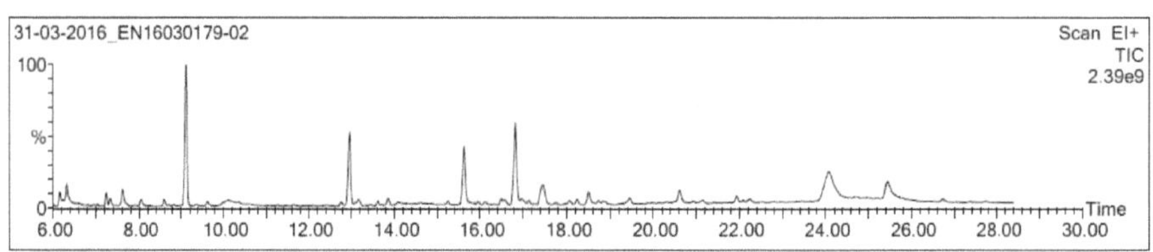

peak table

#	RT	Scan	Height	Area	Area %	Norm %
1	3.731	61	633,376,704	11,860,493.0	1.111	8.32
2	5.660	222	631,591,040	21,586,140.0	2.022	15.13
3	6.151	263	230,685,040	16,709,401.0	1.565	11.72
4	6.319	277	373,835,840	35,540,604.0	3.329	24.92
5	7.242	354	213,949,392	9,417,824.0	0.882	6.60
6	7.613	385	272,400,128	20,222,082.0	1.894	14.18
7	9.123	511	2,359,593,216	142,626,224.0	13.359	100.00
8	10.117	594	94,202,968	26,216,882.0	2.456	18.38
9	10.357	614	72,568,008	9,916,474.0	0.929	6.95
10	12.957	831	1,232,953,728	83,198,760.0	7.792	58.33
11	13.161	848	101,680,880	11,640,277.0	1.090	8.16
12	14.096	926	48,045,772	10,993,163.0	1.030	7.71
13	15.629	1054	977,871,424	78,841,808.0	7.384	55.28
14	16.827	1154	1,367,717,760	105,519,112.0	9.883	73.98
15	16.971	1166	93,183,264	9,523,260.0	0.892	6.68
16	17.438	1205	330,756,832	41,471,964.0	3.884	29.08
17	18.493	1293	210,059,104	20,445,448.0	1.915	14.33
18	19.451	1373	102,804,976	13,643,552.0	1.278	9.57
19	20.601	1469	217,470,048	23,621,744.0	2.212	16.56
20	24.076	1759	483,064,032	126,890,424.0	11.885	88.97

Figura 11. Cromatograma GC-MS do extrato metanólico de *Stoechospermum marginatum*.
Tabela 6. Elucidação estrutural do extrato metanólico de *Stoechospermum marginatum*

S. No	Name of the Compound	Molecular Formula	Mw	Compounds Structure
1	1,11-Hexadecadiyne	$C_{16}H_{26}$	218	
2	Methyl tetradecanoate	$C_{15}H_{30}O_2$	242	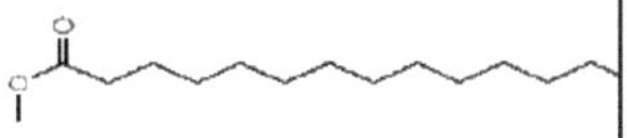
3	trans-Z-à-Bisabolene epoxide	$C_{15}H_{24}O$	220	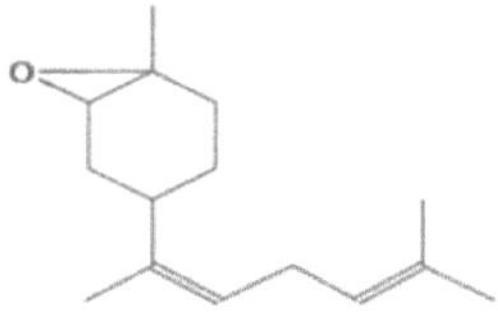
4	5-Isopropyl-6-methyl-hepta-3,5-dien-2-ol	$C_{11}H_{20}O$	168	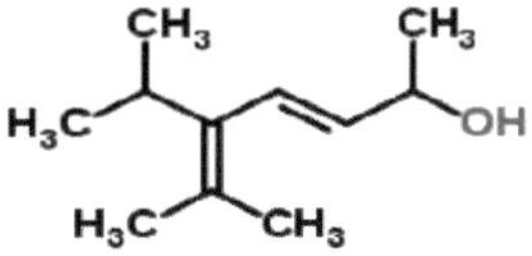
5	Aromadendrene oxide-(2)	$C_{15}H_{24}O$	220	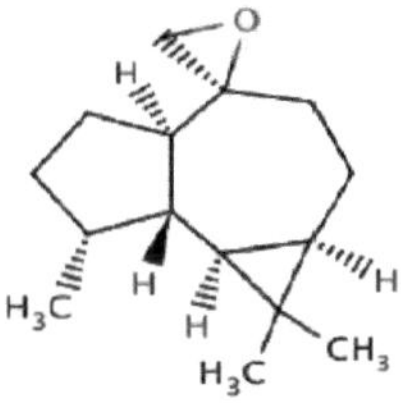
6	Hexadecanoic acid, methyl ester	$C_{17}H_{34}O_2$	270	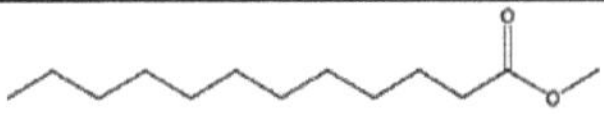
7	n- Hexadecanoic acid	$C_{16}H_{32}O_2$	256	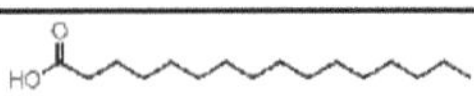
8	Guaia-9,11-diene	$C_{15}H_{24}$	204	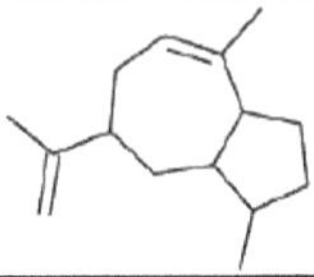

9	9-Octadecenoic acid (Z)-, methyl ester	$C_{19}H_{36}O_2$	296	
10	Phytol	$C_{20}H_{40}O$	296	
11	Hexadecanoic acid,Z-11-	$C_{16}H_{30}O_2$	254	
12	Isoaromadendrene epoxide	$C_{15}H_{24}O$	220	
13	3-Hexen-1-ol,2,5-dimethyl-,acetate,(Z)-	$C_{10}H_{18}O_2$	170	
14.	1-Heptatriacotanol	$C_{37}H_{76}O_2$	536	
15.	10-Mrthyl-8-tetradecen-1-ol-acetate	$C_{17}H_{32}O_2$	268	
16.	Retinal	$C_{20}H_{28}O$	284	

CAPÍTULO 6. DEBATE

O ambiente marinho é uma fonte importante de materiais funcionais, incluindo óleos ómega 3, minerais essenciais, vitaminas, antioxidantes, péptidos, enzimas e polissacáridos. As algas castanhas são conhecidas por conterem mais componentes bioactivos do que as algas verdes ou vermelhas (Anon, 2008). As algas marinhas são consideradas uma fonte de compostos bioactivos, uma vez que são capazes de produzir uma grande variedade de metabolitos secundários caracterizados por um amplo espetro de actividades biológicas, *nomeadamente* actividades antivirais, antibacterianas e antifúngicas. Estas algas marinhas são uma das fontes alimentares importantes e fazem parte da dieta principal desde tempos imemoriais, uma vez que são materiais nutricionalmente ricos (Dawczynski *et al,* 2007). Alguns dos compostos bioactivos identificados nas algas castanhas incluem a filofeofilina, os florotaninos, a fucoxantina, os polissacáridos e vários outros metabolitos (Hosakawa *et al.,* 2006). *Sargassum wightii* é uma das algas castanhas com amplas propriedades farmacológicas (Anthony *et al.,* 2007). Estas algas marinhas actuam como potenciais compostos bioactivos de interesse para aplicações farmacêuticas (Val *et al,* 2001 & Solomon e Santhi, 2008). São plantas primitivas não floridas sem raiz, caule e folhas. Contêm diferentes vitaminas, minerais, oligoelementos, proteínas, iodo, bromo e substâncias bioactivas. São recuperados muitos polissacáridos das algas marinhas. Os mais importantes são o ágar, o ácido algínico, a laminarina, a fucoidina, as galactanas, a carragenina, a xilana e os mananos.

Nas últimas décadas, vários estudos referiram a atividade antibacteriana de extractos de algas marinhas (Marshall *et al.,* 2006). A atividade antimicrobiana das algas marinhas pode ser influenciada por alguns factores, tais como o habitat e a estação de colheita das algas, as diferentes fases de crescimento da planta, os métodos experimentais adoptados, as espécies de algas, os métodos de extração utilizados, a metodologia de ensaio, o local de colheita da amostra e as regiões do talo e o solvente utilizado para a extração. Embora tenha sido utilizada uma variedade de solventes na análise da atividade antimicrobiana das algas marinhas, ainda não se sabe ao certo qual o tipo de solvente mais eficaz e adequado para a extração de algas marinhas. Alguns trabalhadores tentaram utilizar o solvente metanol para a análise da atividade antimicrobiana das algas marinhas e fizeram comparações (Manivannan *et al,* 2011).

O principal objetivo do presente trabalho foi avaliar e comparar a capacidade de duas espécies de macroalgas recolhidas na costa sudeste da Índia para produzir compostos bioactivos. No presente estudo, os extractos brutos de metanol derivados de algas marinhas foram analisados quanto a actividades antibacterianas através de métodos de difusão em poço. Anteriormente, vários investigadores demonstraram os efeitos inibitórios das algas marinhas contra organismos gram positivos e gram negativos (Subba *et al.,* 2010). Na presente investigação, a análise antibacteriana das algas marinhas mostrou que o extrato de metanol da alga castanha, *Stoechospermum marginatum*, tinha uma elevada atividade antibacteriana (contra *S. aureus~*), ao passo que o *Sargassum wightii* mostrou apenas uma atividade moderada sobre os agentes patogénicos bacterianos. Singh e Chaudhary (2010) referiram que a zona de inibição mais elevada (18,1 mm) foi observada no extrato metílico de alga verde, *Pithophora oedogonia*, contra as bactérias gram +ve *Bacillus subtilis* e *Staphyllococcus aureus*. Taskin *et al.* (2007) estudaram os extractos metanólicos de seis algas marinhas que pertenciam a Rhodophyceae *(Corallina officinalis),* Phaeophyceae (*Cystoseria barbata, Dictyota dichotoma, Halopteris filicina, Cladostephus spongiosus, F. verticillatus~)* e Chlorophyceae *(Vulva rigida).* Foram obtidos do mar Egeu do Norte (Turquia) e mostraram a atividade antibacteriana contra micróbios patogénicos, três bactérias Gram positivas *viz; Staphylococcus aureus, Micrococcus luteus, Enterococcus faecalis* e três bactérias Gram negativas *viz; Escherichia coli, E. aerogenes, E. coli* (0157:H7) através de ensaio antibacteriano *in vitro*. Os extractos de todas as algas marinhas, exceto *C. officinalis*, mostraram inibição contra *S. aureus*.

A presença de fitoconstituintes, tais como fenóis, proteínas, aminoácidos, hidratos de carbono, saponinas, óleo fixo e gordura, alcalóides, flavonóides e taninos em algas marinhas, indicou a possibilidade de atividade anticancerígena, antibacteriana e larvicida. Curiosamente, na presente investigação, verificou-se que os extractos metanólicos de *S. marginatum* e *S. wightii* tinham os seguintes fitoconstituintes: hidratos de carbono e glicosídeos, alcalóides, aminoácidos, flavonóides, óleo fixo e gordura, compostos fenólicos, taninos e esteróides, embora as saponinas e os flavonóides estivessem ausentes. Os compostos fenólicos podem afetar o crescimento e o metabolismo das bactérias. Podem ter um efeito ativador ou inibidor no crescimento microbiano de acordo com a sua constituição e concentração (Alberto *et al.*, 2001). Vários estudos relataram que as algas marinhas são uma excelente fonte de compostos como polissacáridos, taninos, flavonóides, ácidos fenólicos, bromofenóis e carotenóides com diferentes actividades biológicas (Rodriguez *et al*, 2010).

Os antioxidantes naturais não se limitam às fontes terrestres e os relatórios revelaram que as algas marinhas são também fontes ricas de compostos antioxidantes naturais. Os compostos fenólicos encontram-se habitualmente nas plantas, incluindo as algas marinhas, e têm sido referidos como tendo uma vasta gama de actividades biológicas, incluindo propriedades antioxidantes (Duan *et al.*, 2006). Sanaam e Shanab (2007) relataram a atividade antioxidante de três espécies comestíveis de Ulva *(U. compressa, U. linza* e *U. tubulosa)*. Todas as algas marinhas testadas exibiram uma elevada atividade antioxidante no sistema de ácido linoleico e a melhor eliminação do radical DPPH foi observada no extrato metanólico de *U. compressa* (IC50 =1,89 mg mL-1).

Vários estudos demonstraram uma correlação altamente significativa entre o conteúdo fenólico e a atividade antioxidante dos extractos de algas marinhas. Os compostos fenólicos produzidos pelas algas marinhas contribuíram significativamente para a sua capacidade antioxidante, quando comparados com os das algas vermelhas e verdes. O extrato bruto de algas castanhas mostrou uma maior atividade de eliminação do radical peroxilo quando comparado com as algas vermelhas. Um relatório de um estudo anterior sugere que a atividade antioxidante das espécies de algas castanhas está significativamente correlacionada com a quantidade de conteúdo fenólico presente nas algas. Verificou-se que a atividade antioxidante de *S. wightii* (alga castanha) era mais elevada, uma vez que tinha um teor fenólico mais elevado (Ganesan *et al.*, 2011). Não existem muitos relatórios sobre a avaliação comparativa da atividade antioxidante de algas marinhas pertencentes a diferentes grupos. No presente estudo, é relatada a atividade antioxidante de duas espécies diferentes de algas marinhas, *Sargassum wightii* e *Stoechospermum marginatum*. Os resultados das actividades antioxidantes de vários ensaios (DPPH, FRAP e H_2O_2) mostraram que *a S. marginatum* tem uma maior propriedade de eliminação de radicais quando comparada com a *S. wightii*. As elevadas actividades antioxidantes dos extractos de algas castanhas são comparáveis às dos antioxidantes comerciais (Zhang *et al.*, 2007). Os extractos de algas frescas apresentam uma atividade antioxidante mais elevada quando comparados com os extractos de algas secas e as algas vermelhas possuem uma atividade mais elevada do que as algas castanhas. O extrato aquoso de algas castanhas possui uma atividade antioxidante mais forte quando comparado com o extrato de etanol (Monsuang *et al.*, 2009).

Os resultados da análise HPLC do extrato de metanol de *S. marginatum* mostraram a presença de 3 picos fortes, conforme observado sob a absorção UV. Os valores de R_t (área) são 2,542 (498278), 3,572 (352616) e 2,942 (527338). Os resultados de *S. wightii* mostraram a presença de 2 picos com o valor R_t (área) de 2,727 (2421201) e 2,975 (1684161). A fração foi optimizada utilizando o extrato bruto polar (fração de metanol): Metanol: Água (50:50) como fase móvel. O comprimento de onda de 254 nm foi considerado o pico de maior sensibilidade. No entanto, observou-se que os materiais fenólicos foram completamente resolvidos na fração de metanol. Os presentes resultados estão de acordo com os relatórios anteriores sobre a extração de substâncias como fucosterol, hidroquinonas, sesterpenóides, fenóis bromados e polifenóis de espécies de *Chlorophyceae, Phaeophyceae* e *Rhodophyceae* (Faulkner, 2002).

Os materiais de algas marinhas foram submetidos a análises FT-IR para a identificação do grupo funcional e ligação de compostos químicos presentes no extrato bruto de metanol. Os resultados da análise FT-IR do extrato metanólico de *S. marginatum* mostraram a configuração molecular de diferentes grupos funcionais presentes no extrato de algas marinhas. Foram encontrados picos de absorção consideráveis em 2929,79, 2351,71, 1638,15, 1418,82, 1112,03 e 666,02 cm^{-1} indicando os grupos funcionais de alcanos, grupos diversos, amidas e aminas. O extrato metanólico de *S. wightii* apresenta os picos correspondentes a 2929,08, 2862,09, 2329,93, 1728,60, 1456,61, 1376,06, 1254,05, 1181,20, 1051,72 e 898,60 cm^{-1} indicando a presença de grupos funcionais como alcanos, grupos diversos, aldeídos, halogenetos de alquilo e aminas. Os resultados do presente estudo serão úteis para investigar as propriedades antibacterianas e antioxidantes de *S. marginatum* e *S. wightii* para a formulação de medicamentos. . Uma descoberta semelhante foi relatada anteriormente, que mostrou os grupos funcionais de compostos bioactivos de extractos de solventes utilizando o espetro FT-IR (Meenakshi et al., 2012).

Estão disponíveis vários relatórios sobre o isolamento e a elucidação estrutural de metabolitos farmacologicamente activos de organismos marinhos, tais como equinodermes marinhos, algas marinhas, esponjas, gorgónias, ascídias e tunicados. Deve ser dada especial atenção aos procedimentos de isolamento destes metabolitos biologicamente activos, em particular à sua polaridade e ao seu carácter lipo ou hidrofílico. Foram também descritas quinonas sesquiterpénicas, polipropionatos, péptidos e depsipeptídeos dos extractos de média ou baixa polaridade (Riguera, 1996). Durante o presente estudo, foram identificados 16 compostos utilizando a análise GC-MS no extrato de metanol de *S. marginatum*. Os componentes principais são; 1- Heptatriacotanol, ácido 9- Octadecenóico (Z)-, éster metílico, Fitol, Retinal, ácido Hexadecanóico, éster metílico, tetradecanoato de metilo, 10-Mrthyl-8-tetradecen-1-ol-acetato e ácido n- Hexadecanóico. Num estudo anterior, CH_3 OH-CH_2 CL_2 extrato de *Stechnoperum marginatum,* com diterpenos que compreendem mais de 50% dos compostos e, ou seja, dois diterpenos separados, 5(R), 16(S)-diacetoxispata-13,17-dieno e 5(R), 16(S)-dihidroxispata-13,17-dieno foram isolados de *S. marginatum* (Rosa *et al.,* 1999). Os compostos bioactivos identificados utilizando a análise GC-MS no presente estudo são muito semelhantes ao relatório acima mencionado. Em estudos anteriores, os óleos essenciais de várias algas castanhas foram investigados através do isolamento de 8 compostos de *Dictyota dichotoma,* 12 compostos de *dichotoma,* 4 de *Petalonia fascia,* 4 de *Scytosiphon lomentaria,* e 14 compostos de *Colpomenia sinuosa,* representando os óleos essenciais, respetivamente (Ozdemir *et al,* 2004). São necessários mais estudos para o isolamento e a identificação de compostos específicos.

CAPÍTULO 7. RESUMO

- As amostras de algas marinhas *Stoechospermum marginatum* e *Sargassum wightii* recolhidas em Mandapam, distrito de Ramanathapuram, Tamil Nadu, costa sudeste da Índia (9° 22' N, 78° 52 ' E) foram extraídas em solvente metanol segundo o método de percolação a frio.

- A análise fitoquímica dos extractos metanólicos de *S. marginatum* e *S. wightii* confirmou a presença de hidratos de carbono, glicosídeos, proteínas, aminoácidos, óleo fixo, gordura, taninos, flavonóides, alcalóides, esteróides, compostos fenólicos, saponina, compostos fenólicos, açúcar, alcalóides, glicosídeos e óleos.

- As actividades antibacterianas do extrato de metanol de *S. marginatum* mostraram uma atividade máxima contra *S. aureus* e uma atividade mínima contra *E. coli*. E o extrato de metanol de *S. wightii* mostrou atividade contra *S. aureus* e nenhuma atividade contra o agente patogénico bacteriano *E. coli*.

- A propriedade antioxidante do extrato metanólico de *S. marginatum* mostrou uma propriedade de eliminação máxima para todos os ensaios testados (DPPH, FRAP & H O_{22}) em relação ao controlo, ácido ascórbico.

- As análises por HPLC dos extractos de metanol das algas marinhas *S. marginatum* e *S. wightii* mostraram os picos dos compostos principais.

- As análises FTIR de *S. marginatum* e *S. wightii* revelaram a presença de grupos funcionais: alcanos, diversos, amidas, diversos, aldeído, halogenetos de alquilo e aminas.

- A análise GC-MS do extrato de metanol de *S. wightii* revelou a presença de 16 compostos.

BIBLIOGRAFIA

Aguilera J, Bischof K, Karsten U, Hanelt D. Variação sazonal dos padrões ecofisiológicos em macroalgas de um fiorde ártico. II. Acumulação de pigmentos e sistema bioquímico de defesa contra o stress luminoso elevado. Marine Biol, 2002; 140: 1087-1095.

Alberto MR, Farias ME, Manca de Nadra MC. Efeito do ácido gálico e da catequina no crescimento de *Lactobacillus hilgardii* e no metabolismo de compostos orgânicos. J. Agric. Food Chem. 2001 Sep 17; 49(9):4359-63.

Anjum A, Shetty SKA, Ahmed M, Sridhar BK, Vijaya KML. Desenvolvimento e validação do método RPHPLC para a estimativa quantitativa de cefadroxil mono-hidratado em formas de dosagem a granel e farmacêuticas. Int. J. Chem. Sci, 2012. 10(1), 150-158.

Annie SSG, Lipton AP. Atividade larvicida de mosquitos de metabólitos de esponjas marinhas. Global J. Pharm, 2012. 6 (1), 1-3.

Arul Senthil KR, Rajesh P, Murugan A. Atividade antibacteriana dos extractos brutos da alga marinha *Padina boergesenii.* Seaweed Res. Utiln, 2008. 30: 177-182.

Attaway DH, Zaborsky OR. Biotecnologia marinha. I. Pharm. Bioac. Nat. Prod., 1993.

Bartle S. The Columbia Encyclopedia, VI Edição, Columbia University Press, 2005.

Benzie IEF, Strain JJ. A capacidade de redução férrica do plasma (FRAP) como medida do poder antioxidante: o ensaio FRAP. Anal. Biochem.1996; 239: 70-76.

Blunden G. Marine algae as a source of biologically active compounds. Interdisciplinary Science Reviews, 1993, 18, 73-80.

Choi JS, Ha YM, Joo CU, Cho KK, Kim SJ, Choi IS. Inibição de agentes patogénicos orais e da atividade da colagenase por extractos de algas marinhas. J de Environ. Biol. 2012 Jan 1; 33(1):115.

Choudhury S, Sree A, Mukherjee SC, Pattnaik P, Bapuji M. Atividade antibacteriana in vitro de extractos de algas marinhas e mangais selecionados contra agentes patogénicos de peixes. Asian Fish. Sci. 2005; 18(3/4):285.

Chung OK, Kim D, Lee CY. Atividade de radícula de superóxido dos principais polifenóis em ameixas frescas. J. Agric. Food Chem. 2003; 51:8067-8072.

Cole AM, Tahk S, Oren A, Yoshioka D, Kim YH, Park A, Ganz T. Determinantes do transporte nasal de *Staphylococcus aureus*. Clin. Diagn. Lab Immunol, 2001. 8 (6): 1064-9.

Demirel Z, Yilmaz-Koz FF, Karabay-Yavasoglu NU, Ozdemir G, Sukatar A. Actividades antimicrobianas e antioxidantes dos extractos de solventes e da composição do óleo essencial de

Laurencia obtusa e *Laurencia obtusa* var. pyramidata. Rom. Biotech. Lett. 2011 Jan 1; 16(1):5927-36.

Dias PF, Siqueira JM, Vendruscolo LF, De Jesus Neiva T, Gagliardi AR, Maraschin M, Ribeiro-do-Valle RM. Propriedades antiangiogénicas e anti-tumorais de um polissacárido isolado da alga *Sargassum stenophyllum*. Cancer Chemoth. Pharm, 2006. 56(4): 436-446.

Dinabandhu Sahoo, 2010. Common seaweed of India (Algas comuns da Índia). Editora internacional.

Duan XJ, Zhang WW, Li XM, Wang BG. Avaliação da propriedade antioxidante do extrato e das fracções obtidas da alga vermelha *Polysiphonia urceolata*. Food Chem. 2006; 95: 3743.

Durga Devi V, Minhajdeen A, Pavithra V, Brindha S, Sree Jaya S, Saranya RS, Varun S, Senthilkumar P, Sudha S. Actividades antioxidantes e antifúngicas do extrato metanólico de *Chaetomorpha linum* da costa sudeste indiana. IJCRR. 2014; 6(7):11-16.

El Gamal AA. 2010. Biological importance of marine algae (Importância biológica das algas marinhas). Saudi Pharmaceutical Journal, 18: 1-25.

Elnabris KJ, Elmanama AA, Chihadeh WN. Atividade antibacteriana de quatro algas marinhas recolhidas na costa da Faixa de Gaza, Palestina. Mesopot. J. Mar. Sci. 2013; 28(1):81-92.

Faulkner DJ. Marine natural products. Nat. Prod. Rep. 2001; 18(1):1R-49R.

Faulkner DJ. Marine natural products. Nat. Prod. Rep, 2002. 19, 1-48.

Ganesan K, Kumar KS, Rao PVS. Avaliação comparativa da atividade antioxidante em três espécies comestíveis de algas verdes, *Enteromorpha* de Okha, costa noroeste da Índia. Innov. Food Sci. 2011; 12:73-8.

Gonzalezdel L, Han X, Chen H, Lin W, Yan X. Bactérias marinhas associadas a macro-organismos marinhos: potenciais recursos antimicrobianos. Annal. Microbiol. 2005, 55: 35-40.

Grzebisz W, Nawozenie roslin uprawnych. Seaweed extracts as bio-stimulants of plant growth: review, Extractos de algas marinhas como bio-estimulantes do crescimento das plantas: revisão. CHEMIK 2013, 67, 7, 636-641.

Harbo RM. Whelks to Whales Coastal Marine Life of the Pacific Northwest [Búzios a Baleias Vida Marinha Costeira do Noroeste do Pacífico]. Harbour Publishing, 1999. Madeira Park, B.C., Canadá.

Harbone JB, 1973. Phyto chemical methods: a guide to modern techniques of plant analysis. London: Chapman & Hall.

Harvey W. Biotechnology, 6: 488-492, 1988.

Heo SJ, Park EJ, Lee KW, Jeon YJ. Antioxidant activities of enzymatic extracts from brown seaweeds

(Actividades antioxidantes de extractos enzimáticos de algas castanhas). Bioresour. Technol. 2005 Sep 30; 96(14):1613-23.

Ibtissam C, Hassane R, Jose M, Francisco DS, Antonio GV, Hassan B, Mohamed K. Rastreio da atividade antibacteriana em macroalgas marinhas verdes e castanhas da costa de Marrocos. Afr. J. Biotechnol. 2009; 8(7).

Ireland CM, Roll DM, Molinsk TF, Mckee TC, Zarbriske TM, Swersey JC. Uniqueness of the marine environment: categories of marine natural product from invertebrates In: D.G. Fautin, (ed.) Biomedical importance of Marine organisms. Academia de Ciências da Califórnia, São Francisco. 1988, 41-58.

Ismail A, Tan SH. Antioxidant activity of selected commercial seaweeds. Malásia. J. Nutr. 2002; 8(2):167-77.

Jha B, Reddy CRK, Thakur MC, Rao MU. Common Seaweeds of India (Algas marinhas comuns da Índia). The Diversity and Distribution of Seaweeds of the Gujarat Coast. J Appl. Phycol. 2009, 22(3), 381-383.

Kandhasamy M, Arunachalam KD. Avaliação da propriedade antibacteriana in vitro de algas marinhas da costa sudeste da Índia. Afr. J. Biotechnol. 2008; 7(12).

Kannan L, Thangarajalu T. Identification and Assessment of biomass and productivity of seagrasses (Identificação e avaliação da biomassa e da produtividade das ervas marinhas). In: SDMRI Special Research Publication, National training workshop on marine and coastal bio-diversity assessment for conservation and sustainable utilization, 2006, 10: 9-15.

Karthikaidevi G, Manivannan K, Thirumaran G, Anantharaman P, Balasubaramanian T. Antibacterial properties of selected green seaweeds from Vedalai coastal waters; Gulf of Mannar marine biosphere reserve. Global J. Pharmacol. 2009; 3(2):107-12.

Kayalvizhi K, Vasuki S, Anantharaman P, Kathiresan K. Antimicrobial activity of seaweeds from the Gulf of Mannar. Int J Pharm App. 2012; 3:306-14.

Khan W, Rayirath UP, Subramanian S, Jithesh MN, Rayorath P, Hodges DM, Critchley AT, Craigie JS, Norrie J, Prithiviraj B. Seaweed extracts as biostimulants of plant growth and development. J Plant Growth Regul. 2009 Dec 1; 28(4):386-99.

Lahaye M. Marine algae as sources of fibres: Determination of soluble and insoluble dietary fibre contents in some 'sea vegetables'. J. Sci. Food Agr, 1991. 54: 587-594.

Lavanya R, Veerappan N. Antibacterial Potential of six seaweeds collected from Gulf of Mannar of Southeast Coast of India (Potencial antibacteriano de seis algas marinhas recolhidas no Golfo de

Mannar da costa sudeste da Índia). Adv. Biol. Res, 2011. 5(1): 38-44.

Lee HH, Lin CT e Yang LL. Neuroprotecção e efeitos de eliminação de radicais livres de *Osmanthusfragrans*. J. Biomed. Sci, 2007. 14: 819-827.

Lesser PM. Oxidative stress in marine environments: biochemistry and physiological ecology. Annu. Rev. Physiol. 2006, 68: 253-278

Lewak S, Kopcewicz J, Fizjologia roslin. Wprowadzenie, Wydawnictwo Naukowe PWN, 2009, 120-122.

Lim SJ, Aida WM, Maskat MY, Mamot S, Ropien J, Mohd DM. Isolamento e capacidade antioxidante de fucoidan de algas marinhas selecionadas da Malásia. Food Hydrocoll, 15 de dezembro de 2014; 42: 280-8.

Lima-Filho JV, Carvalho AF, Freitas SM, Melo VM. Atividade antibacteriana de extratos de seis macroalgas do litoral do nordeste brasileiro. Braz. J. Microbiol, 2002 Dec; 33(4):311-4.

Ling AL. Antioxidant activity, Total Phenolic and Flavonoid Contents of Selected Commercial Seaweeds of Sabah, Malaysia (Atividade antioxidante, conteúdo total de fenólicos e flavonóides de algas marinhas comerciais selecionadas de Sabah, Malásia). Int. J. Pharm. Phyto-pharm. Res, 2014 Feb 4; 3(3).

Marshall K, Joint I, Callow ME, Callow JA. Effect of marine bacterial isolates on the growth and morphology of axenic plantlets of the green alga *Ulva linza*. Micro. Eco. 2006 52: 302- 310.

Manivannan K, Anantharaman P, Balasubramanian T. Antimicrobial potential of selected brown seaweeds from Vedalai coastal waters, Gulf of Mannar. Asian Pac. J Trop. Biomed. 2011 Apr 30; 1(2):114-20.

Marudhupandi T, Kumar TT. Efeito antibacteriano do fucoidano de *Sargassum wightii* contra os agentes patogénicos bacterianos humanos escolhidos. Int. Curr. Pharm. J. 2013 Sep 14; 2(10):156-8.

Matysiak K, Adamczewski K. Regulatory wzrostu i rozwoju roslin? kierunki badan w Polsce i na swiecie, Postepy w ochronie roslin, 2009, 49 (4), 1810?1816

Matysiak K, Kaczmarek S, Kierzek R, Kardasz P. Effect of seaweeds extracts and humic and fulvic acids on the germination and early growth of winter oilseed rape *(Brassica napus* L.). J. Res. Appl. Agric. Engng. 2010; 55(4):28-32.

Mensor LL, Meneze FS, Leitao GG, Reis AS, Dos santor, JC, Coube CS, Leitao SG. Triagem de extratos de plantas brasileiras quanto à atividade antioxidante pelo método do radical livre DPPH. Phytother. Res. 2001; 15, 127-130.

Meenakshi S, Umayaparvathi S, Arumugam M, Balasubramanian T. Propriedades antioxidantes *in vitro* e análise FTIR de duas algas marinhas do Golfo de Mannar. Asian Pac. J. Trop. Biomed. (2012) S66-S70

Monsuang Y, Nongporn H, Wutiporn P. Antioxidant activities of four edible seaweeds from the Southern Coast of Thailand (Actividades antioxidantes de quatro algas comestíveis da costa sul da Tailândia). Alimentos vegetais Hum. Nutr. 2009; 64: 218-223.

Muller Bohm, M. Batel, De Rosa, Tommonaro S, Muller Schroder. Aplicação da cultura de células para a produção de compostos bioactivos a partir de esponjas: síntese de avarol por primorphs de *Dysidea avara.* J. Nat. Prod, 2000, 63, 1077-1081.

Muthuraman B, Ranganathan R. Biochemical studies on some green algae of Kanyakumari coast (Estudos bioquímicos sobre algumas algas verdes da costa de Kanyakumari). Seaweed Res. Utiln. 2004, 26(1 & 2): 69-71.

Nussinovitch A. (1997) Hydrocolloid applications: gum technology in the food and other industries. Nova Iorque, NY: Blackie Academic & Professional. 354 pp.

Oberley LW. Oberley TD. O papel da superóxido dismutase e a amplificação do gene na carcinogénese. J. Theol Biol. 1984.106:403-422.

Oranday MA, Verde MJ, Martinez-Lozano SJ, Waksman NH. Frações ativas de quatro espécies de algas marinhas. Phyton (Buenos Aires). 2004 Dec; 73:165-70.

Ozdemir G, Karabay NU, Dalay MC, Pazarbasi B. Atividade antibacteriana do componente volátil e de vários extractos de *Spirulina platensis.* Phytother. Res. 2004; 18(9):754-7.

Patra JK, Rath SK, Jena K, Rathod VK, Thatoi H. Avaliação da atividade antioxidante e antimicrobiana do extrato de algas marinhas *(Sargassum* sp.): Um estudo sobre a inibição da atividade da Glutationa-S-transferase. Turkish J. Biol. 2008 Abr 4; 32(2):119-25.

Radhika D, Veerabahu C, Priya R. Antibacterial activity of some selected seaweeds from the Gulf of Mannar coast, South India (Atividade antibacteriana de algumas algas selecionadas da costa do Golfo de Mannar, Sul da Índia). Asian J Pharm. Clin. Res. 2012; 5(4):276.

Rajasekar T, Priyadharshini P, Deivasigamani B, Kumaran S, George Edward GJ, Sakthivel, Balamurugan S. Isolamento de compostos bioactivos de algas marinhas contra a bactéria patogénica *Vibrio alginolyticus* (VA09) e caraterização por FTIR. J. Coast. Life Med. 2013; 1(1): 26-33.

Ravikumar S, Anburajan L, Ramanathan G, Kaliaperumal N. Screening of Seaweed extracts against antibiotic resistant postperative infectious pathogens. Journal of Seaweed Res. Utiln, 2002. 24: 95-99.

Riguera R. Isolamento de compostos bioactivos de organismos marinhos. J. Marine Biotechnol. 1997 Jan 1; 5:187-93.

Rodriguez-Medina IC, Beltran-Debon R, Molina VM, Alonso-Villaverde C, Joven J, Menendez JA. Caracterização direta do extrato aquoso de *Hibiscus sabdariffa* utilizando HPLC com deteção por matriz de díodos acoplada a ESI e ion trap MS. J Sep Sci, 2010. 32(20), 3441-3448.

Rosa SD, Iodice C, Khalaghdoust M, Oryan S, Rustaiyan A. Spatane diterpenoids from the brown algae *Stoechosperum marginatum* (Dictyotaceae). Phytochem. 1999; 51:1009-12

Ruch RT, Cheng SJ, Klaunig JE. Aprisionamento de spin de radicais superóxido e hidroxilo. Methods Enzymol. 1989; 105: 198-209.

Sanaam M, Shanab. Actividades antioxidantes e antibióticas de algumas algas marinhas (isolados egípcios). Int. J Agri. Biol. 2007; 9(2): 220-225

Saritha K, Mani AE, Priyalaxmi M, Patterson J. Antibacterial activity and biochemical constituents of seaweed *Ulva lactuca*. Global J. Pharmacol. 2013; 7(3):276-82.

Seenivasan R, Rekha M, Indu H. Atividade antibacteriana e análise fitoquímica de algas selecionadas da costa de Mandapam, Índia. J. Appl. Pharm. Sci. 2012 Oct 1; 2(10):159.

Selim S, Amin A, Hassan S, Hagazey M. Actividades antibacterianas, citotóxicas e anticoagulantes das algas marinhas *Hypnea esperi* e *Caulerpa prolifera*. Pak. J. Pharm. Sci. 2015 Mar 1; 28(2):525-30.

Shao P, Chen M, Pei Y, Sun P. Actividades antioxidantes de diferentes polissacáridos sulfatados de algas *Ulva fasciata*. Int. J. Biol. Macromol. 2013 Aug 31; 59:295-300.

Sheik TZB, Yong TL, Leing MS. Efeitos antioxidantes *in vitro* dos extractos hexânicos e metanólicos de *Sargassum baccularia* e *Cladophora patentiramea*. J of App sci 2009; 9(13): 2490-2493.

Shimizu Y. Metabolitos de microalgas: uma nova perspetiva. Annu. Rev. Microbiol. 1996 Oct; 50(1):431-65.

Siddhanta AK, Mody KH, Ramavat BK, Chauhan VD, Garg, HS, Goel AK, Doss MJ, Srivastava M.N, Patnaik GK, Kamboj VP. Bioatividade de organismos marinhos: Parte VIII - Rastreio de alguma flora marinha da costa ocidental da Índia. Indian J. Exp. Biol., 35(6): 638-643, 1997.

Silva TH, Alves A, Ferreira BM, Oliveira JM, Reys LL, Ferreira RJ, Sousa RA, Silva SS, Mano JF, Reis RL. Materiais de origem marinha: uma revisão sobre polímeros e cerâmicas de interesse biomédico. Int. Mater. Rev. 2012 Sep 1; 57(5):276-306.

Singh AP, Chaudhary BR. Análise e rastreio antibacteriano in vitro de Pethophoraoedogonia (Mont)

Wittrock - uma alga verde de água doce fitoquímica preliminar que forma tapetes nas massas de água. J Algal Biomass Utln. 2010; 1:33-41.

Solomon RJ, Santhi VS. Purificação de produtos naturais bioactivos contra agentes patogénicos microbianos humanos da alga marinha *Dictyota acutiloba* J. Ag. World J. Microbiol. Biotechnol. 2008 Sep 1; 24(9):1747-52.

Subba R, Lakshmi G, Manjula E. Antimicrobial activity of seaweeds *Gracillaria, Padina* and *Sargassum* sp. On clinical and phyto-pathogens. Int. J. Chem. Anal. Sci. 2010, 1(6)114-117.

Taskin E, Ozturk M, Kurt O. Antibacterial activity of some marine algae from the Aegean Sea (Turkey). Afr. J. Biotechnol. 2007; 6: 2746- 2751.

Taskin E, Caki Z, Ozturk M, Taskin E. Avaliação das actividades antitumorais e antimicrobianas *in vitro* de algas marinhas colhidas no Mar Mediterrâneo Oriental. Afr. J. Biotechnol. 2010. 9(27): 4272-4277.

Untawale AG, Dhargalkar VK, Agadi VV. Lista de algas marinhas da Índia. National Inst. Ocenogr. 1983:1-42.

Val A, Platas G, Basilio A, Cabello A, Gorrochategui J, Suay I, Vicente F, Portillo E, Río M, Reina G, Peláez F. Screening of antimicrobial activities in red, green and brown macroalgae from Gran Canaria (Canary Islands, Spain). Int. Microbiol. 2001 Mar 1; 4(1):35-40.

Vallinayagam K, Arumugam R, Kannan RR, Thirumaran G, Anantharaman P. Antibacterial activity of some selected seaweeds from Pudumadam coastal regions. Global J. Pharmacol. 2009; 3(1):50-2.

Villarreal-Gómez LJ, Soria-Mercado IE, Guerra-Rivas G, Ayala-Sánchez NE. Atividade antibacteriana e anticancerígena de algas marinhas e bactérias associadas à sua superfície. Revista de Biología Marina y Oceanografía. 2010 Jan 1; 45(2):267-75.

Vogt RL, Dippold L. *"Escherichia coli* O157:H7 outbreak associated with consumption of ground beef, June-July 2002". Relatórios de Saúde Pública, 2005. 120 (2): 174-8. PMC 1497708. PMID 15842119.

Yan XJ, Li XC, Zhou CX, Fan X. Prevenção da rancidez do óleo de peixe através de clorotaninos de *Sargassum kjellmanianum.* J Appl. Phycol. 1996; 8: 201-203.

Yan XJ, Nagata T, Fan X. Actividades antioxidantes em algumas algas marinhas comuns. Alimentos vegetais Hum. Nutr. 1998; 52:253-262.

Yuan YV, Bone DE, Carrington MF. Atividade antioxidante do extrato de dulse (*Palmaria palmata*) avaliada *in vitro.* Food Chem. 2005; 91: 485-494.

Zahra NM, Sato E, Maeda H, Hosokawa M, Niwano Y, Kohno M, Miyashita K. Radical scavenging and singlet oxygen quenching activity of marine carotenoid fucoxanthin and its metabolites. J. Agric. Food Chem. 2007; 55: 8516-8522.

Zahra R, Mehrnaz M, Farzaneh V, Kohzad S. Antioxidant activity of extract from a brown alga, *Sargassum boveanum*. Afr.J. Biotechnol. 2007; 6 (24): 2740-2745.

Zhang WW, Duan XJ, Huang HL, Zhang Y, Wang BG. Avaliação da capacidade antioxidante de 28 algas marinhas da costa de Qingdao e determinação da eficiência antioxidante e do teor fenólico total de fracções e subfracções derivadas de *Symphocladia latiuscula*. J Appl. Phycol. 2007; 19(2): 976-108

Printed by Books on Demand GmbH, Norderstedt / Germany